初めてのGraphQL

Webサービスを作って学ぶ新世代API

Eve Porcello, Alex Banks　著
尾崎 沙耶、あんどうやすし　訳

Learning GraphQL

Declarative Data Fetching for Modern Web Apps

Eve Porcello and Alex Banks

Beijing · Boston · Farnham · Sebastopol · Tokyo

賞賛の声

GraphQLとApolloに関する包括的な情報を得るための最高の本です。著者の二人、EveとAlexはこの分野で最高の先生です。GraphQLをこれから学び始める人にも最新のベストプラクティスを知りたい人にもお勧めできる最高の一冊です。

—— **Peggy Rayzis** (Apolloエンジニアリングマネージャー)

訳者まえがき

翻訳にあたって

GraphQLはFacebookが2015年に公開したAPIの規格です。このまえがきを執筆している時点で公開からちょうど4年経過しました。この4年間で各種ライブラリが充実し熟れてきています。目下のところ国内でGraphQLを実戦投入している事例は多くありませんが、同時にGraphQLを実戦投入している技術者の中ではノウハウが蓄積され始めている時期だと予想しています。

これからGraphQLの利用が広がっていってほしいものですが、少し障壁があるようにも感じています。というのも、GraphQLに関する日本語の文献が少ないのです。なんだかんだいっても国内で技術を普及させるには日本語の文献が不可欠です。Webフロントエンドのフレームワークである Vue.jsは後発ながら国内で爆発的に普及しましたが、公式がいち早く日本語ドキュメントを提供したことによる影響も少なからずあるのではないかと私は考えています。

というわけで、GraphQLを利用する障壁を少しでも下げたいという思いで本書を和訳しました。原書は昨年2018年に出版されているのですが、GrapghQLの周辺知識からサーバーとクライアントの実装、頻出の問題に対する対策まで一通りの内容がまとまっていてとても良い本です。

GraphQLの概観

GraphQLはこれまで主に使用されてきたRESTやSOAPといったAPIの規格とはパラダイムが大きく異なります。その名が表すとおり情報のグラフ構造に着目してクエリ言語を用いて情報を操作しようという考え方をしています。RDBのクエリ言語とアプローチは似ているので多くの技術者にとっては少しだけ馴染みがあるものだとは思います。それでも、クエリを叩くアプローチをAPIでやってのけようという考え方は斬新で技術的な面白さを感じられるものであると確信しています。もちろん面白いだけでなく、クエリを叩くアプローチによって、あるいはGraphQLの規格によって得られるメリットはたくさんあります。

本書をなぞるとGraphQLを用いたWebサービスの実装を一通り学べるようになっているので、その先は実際のサービス開発につなげていってもらえたら幸いです。従来のサービス開発では出会わなかった困難に直面することもあると思いますが、困難を乗り越えた先でGraphQLの真価を見いだせるはずです。

謝辞

本書翻訳の機会を与えてくださったオライリー・ジャパンの宮川さま、本書巻末付録として快く原稿を提供してくださったvvakameさま、嫌々ながらも翻訳原稿を確認してくれた我が夫にこの場を借りて感謝の意を表します。

2019年10月

尾崎 沙耶

まえがき

GraphQLはFacebookが開発したOSSであり、2000年以来RESTが君臨し続けるAPIフォーマットの世界に現れた期待の新人です。

本書はGraphQLの入門書です。GraphQLの概要からコードベースの実装例、本番利用で課題になる観点までを筋立てて解説します。

本書の構成

1章　GraphQLへようこそ

GraphQLの概要とWorldWideWebが登場してからGraphQLが生まれるまでの歴史的経緯を紹介します。

2章　グラフ理論

グラフ理論の基本的な概念（ノードとエッジ、有向グラフ、グラフの一種としての木構造）を紹介します。また、現実の情報がグラフになっていて特定のノードを基準にした場合は木構造で表現できることを、Facebookのユーザー情報を例に示します。

3章　GraphQLの問い合わせ言語

GraphQLで実装されたAPIサーバーの使用方法について解説します。基本操作であるデータの読み込み・書き込みのほかデータのサブスクライブなどGraphQLの特徴的な仕様について解説します。データの読み込みについては公開されているAPIサーバーの操作を例に解説します。

4章　スキーマの設計

GraphQL APIの仕様になるスキーマの書き方について解説します。

5章 GraphQLサーバーの実装

GraphQLサーバーの実装について解説します。本書独自の実装例をもとにAPIサーバーを実装できるようになっています。単純な単体のデータから、一対多、多対多と順を追って複雑なデータ構造について解説し、Contextの使い方、GitHubのOAuthを例に認証の実装まで一通り解説します。

6章 GraphQLクライアントの実装

Apollo ClientライブラリとReactを使用したGraphQLクライアントの実装を示します。読み込み、書き込みの順に解説します。書き込みについては、認証の実装を特に詳しく解説します。また、クライアント上でキャッシュを行う方法について示します。

7章 GraphQLの実戦投入にあたって

実際のプロダクトにGraphQLを使用するための観点を述べます。サブスクライブ（リアルタイムにデータを取得し続ける機能）とファイルのアップロード、セキュリティ（現実的なデータ取得の制約）など、実運用では避けて通れない観点について具体的な実装例を示しながら解説します。

付録A Relay各仕様解説

FacebookはGraphQLと共にReact向けのGraphQLクライアントライブラリであるRelayを公開しています。日本語版オリジナルの付録Aでは、Relayに付随するGraphQLに対する追加仕様を解説し、GraphQLのより深い部分に踏み込みます。

対象読者

本書はGraphQL初学者のために書かれています。アプリケーション開発のアーキテクチャやAPI設計に興味を持ち始めた中級以上のWeb開発者にお勧めです。初級のWeb開発者であっても、GraphQLに興味を持っている人であれば、本書でGraphQLを学ぶことができるでしょう。

表記上のルール

本書では、次に示す表記上のルールに従います。

太字（Bold）

新しい用語、強調やキーワードフレーズを表します。

等幅（`Constant Width`）

プログラムのコード、コマンド、配列、要素、文、オプション、スイッチ、変数、属性、キー、関数、型、クラス、名前空間、メソッド、モジュール、プロパティ、パラメータ、値、オブジェクト、イベント、イベントハンドラ、XMLタグ、HTMLタグ、マクロ、ファイルの内容、コマンドからの出力を表します。その断片（変数、関数、キーワードなど）を本文中から参照する場合にも使われます。

等幅太字（**`Constant Width Bold`**）

ユーザーが入力するコマンドやテキストを表します。コードを強調する場合にも使われます。

等幅イタリック（*`Constant Width Italic`*）

ユーザーの環境などに応じて置き換えなければならない文字列を表します。

ヒントや示唆を表します。

ライブラリのバグやしばしば発生する問題などのような、注意あるいは警告を表します。

翻訳者による補足説明を表します。

サンプルコードの使用について

本書のサンプルコードは本書のGitHubリポジトリから入手できます。

https://github.com/moonhighway/learning-graphql/（原書）

本書の目的は、読者の仕事を助けることです。一般に、本書に掲載しているコードは読者のプログラムやドキュメントに使用してかまいません。コードの大部分を転載する場合を除き、私たちに許可を求める必要はありません。例えば、本書のコードの一部を使用するプログラムを作成するために、許可を求める必要はありません。なお、オライリー・ジャパンから出版されている書籍のサンプルコードをCD-ROMとして販売したり配布したりする場合には、そのための許可が必要です。本書や本書のサンプルコードを引用して質問などに答える場合、許可を求める必要はありません。ただし、本書のサンプルコードのかなりの部分を製品マニュアルに転載するような場合には、そのための許可が必要です。

出典を明記する必要はありませんが、そうしていただければ感謝します。Eve Porcello、Alex Banks著『初めてのGraphQL』(オライリー・ジャパン発行)のように、タイトル、著者、出版社、ISBNなどを記載してください。

サンプルコードの使用について、公正な使用の範囲を超えると思われる場合、または上記で許可している範囲を超えると感じる場合は、permissions@oreilly.comまで(英語で)ご連絡ください。

意見と質問

本書(日本語翻訳版)の内容については、最大限の努力をもって検証、確認していますが、誤りや不正確な点、誤解や混乱を招くような表現、単純な誤植などに気がつかれることもあるかもしれません。そうした場合、今後の版で改善できるようお知らせいただければ幸いです。将来の改訂に関する提案なども歓迎いたします。連絡先は次のとおりです。

株式会社オライリー・ジャパン
電子メール japan@oreilly.co.jp

本書のWebページには次のアドレスでアクセスできます。

https://www.oreilly.co.jp/books/9784873118932
http://shop.oreilly.com/product/0636920137269.do (英語)

オライリーに関するそのほかの情報については、次のオライリーのWebサイトを参照してください。

https://www.oreilly.co.jp/
https://www.oreilly.com/ (英語)

謝辞

本書は数多くの素晴らしい人々の助けなしには生まれませんでした。私たちが上梓した『Learning React』(http://shop.oreilly.com/product/0636920049579.do)の編集者であるAlly MacDonaldが、『Learning GraphQL』を書かないかと進めてくれたことがすべての始まりでした。それから、書籍を出版へと導いてくれたAlicia Youngと働くという幸運に恵まれました。出版に向けた編集作業の間に粗い部分をすべて削ぎ落としてくれたJustin Billing、Melanie Yarbrough、Chris Edwardsにも感謝します。

これらの作業全体を通じて、ApolloチームのPeggy RayzisとSashko Stubailoからフィードバックを得て、彼らの洞察や最新機能についての優れたヒントを共有してもらえるという幸運にも恵まれました。またAdam Rackis、Garrett McCullough、Shivi Singhにも感謝します。彼らは優秀な技術編集者でした。

私たちがこの本を書いたのはGraphQLを愛しているからです。読者の皆さんにも感謝します。

目次

1章 GraphQLへようこそ

Tim Berners-Leeという人物の話をしましょう。Tim Berners-Leeはプログラマーで、日覚ましい功績を讃えられてエリザベス2世からナイトの称号を授与されています。彼はCERN（スイスの素粒子物理学研究所）で多くの優秀な研究者に囲まれて仕事をしていました。彼は研究者たちが円滑にアイデアを共有できるよう、情報を投稿・更新するためのネットワークを立ち上げることにしました。最終的に、このプロジェクトは世界で初めてのWebサーバー、そしてWebクライアントを生み出すことになります。1990年の12月、WorldWideWeb（後にNexusと改名）と呼ばれるWebブラウザが**CERNから発表**（https://www.w3.org/People/Berners-Lee/Longer.html）されました。

このプロジェクトのおかげで、研究者が個人のコンピュータからWebコンテンツを閲覧・更新できるようになりました。WorldWideWebはHTML、URL、ブラウザ、そしてコンテンツを更新できるWYSIWYGインターフェースで構成されていました。

HTMLコンテンツの閲覧と更新のために生まれたインターネットは、今日ではいたるところで利用されています。ノートPCやスマートウォッチ、スマートフォン、スキーリフトのチケットに埋め込まれているRFIDチップはもちろんのこと、留守にしている間に猫に餌を与えてくれるロボットもインターネットを利用しています。

インターネットにおける通信量は増え続けていますが、プログラマーは一貫して同じ課題に取り組み続けています。世界のどこかにあるデータを可能な限り素早く読み込むという課題です。ユーザーのために高パフォーマンスなアプリケーションを作り続けなくてはなりません。ユーザーはどのような環境でもアプリケーションが快適に動作することを要求します。それが2Gのフィーチャーフォンであっても、超高速な光ファイバーのインターネットにつながれた巨大なスクリーンのデスクトップコンピュータであっても関係ありません。速いアプリケーションは多くの人々をコンテンツに引き込むことができます。速いアプリケーションはユーザーを幸せにすることができます。そしてもちろん、お金になります。

今も昔も変わらず、Webの課題はより素早くサーバーからデータを取得することです。本書では今まで使われてきた技術を引き合いに出しながら、新しい技術であるGraphQLについて紹介していきます。

1.1 GraphQLとは

GraphQL（https://www.graphql.org/）はAPIのための問い合わせ言語です。クエリを実行してデータを呼び出すためのランタイムを指すこともあります。GraphQLは通信プロトコルを指定していませんが、一般的にはHTTPプロトコルが使用されています。

早速GraphQLを試してみましょう。**SWAPI**（https://graphql.org/swapi-graphql/）にアクセスしてください。SWAPIは『スター・ウォーズ』情報を提供するAPIサーバーで、Representational State Transfer（REST）形式のAPIサーバーをGraphQLでラップして実装されています。このサーバーにクエリを投げるとデータを受け取ることができます。

GraphQLのクエリでは、必要なデータだけを指定して要求します。**図1-1**はGraphQLのクエリの例です。左側がGraphQLのクエリ、右側がそのレスポンスを表しています。クエリではPerson（人物）として`personID:5`を指定することでレイア姫（Leia Organa）という人物を指定しています。レスポンスを見ると、レイア姫のデータが得られていることがわかります。また、クエリではフィールドを`name`、`birthYear`、`created`の3つだけ指定しています。レスポンスを見るとクエリと同じ構造で`name`、`birthYear`、`created`の3つのキーからなるJSONデータが得られています。クエリで要求していないキーがレスポンスに入ってくることはありません。

```
1 query {
2   person(personID:5){
3     name
4     birthYear
5     created
6   }
7 }
```

```
{
  "data": {
    "person": {
      "name": "Leia Organa",
      "birthYear": "19BBY",
      "created": "2014-12-10T15:20:09.791000Z"
    }
  }
}
```

図1-1 Star Wars API で Person をクエリした場合

クエリは必要に応じて柔軟に書き換えることができます。クエリのフィールドにfilmConnectionを足せば、**図1-2**のように、レイア姫が登場する映画の一覧も取得できます。

```
1  query {
2    person(personID:5){
3      name
4      birthYear
5      created
6      filmConnection {
7        films {
8          title
9        }
10     }
11   }
12 }
```

```
{
  "data": {
    "person": {
      "name": "Leia Organa",
      "birthYear": "19BBY",
      "created": "2014-12-10T15:20:09.791000Z",
      "filmConnection": {
        "films": [
          {
            "title": "A New Hope"
          },
          {
            "title": "The Empire Strikes Back"
          },
          {
            "title": "Return of the Jedi"
          },
          {
            "title": "Revenge of the Sith"
          },
          {
            "title": "The Force Awakens"
          }
        ]
      }
    }
  }
}
```

図1-2 出演映画一覧をフィールドに含めたクエリ

クエリが入れ子になっている場合は、実行時に関連するオブジェクトをすべて探し出します。つまり、1回のHTTPリクエストで2つの異なる種類のデータを受け取ることができます。レスポンスのデータを使ってさらにリクエストを送る、といったことを何往復も繰り返す必要はありません。その上、不要なデータを受け取ることもありません。GraphQLを使えば、クライアントが必要なすべてのデータを1回のリクエストで受け取ることができます。

GraphQLサーバーでは、クエリを実行するたびに型システムに基づいてバリデーションされます。GraphQLのサービスは必ずGraphQLスキーマにのっとって型が定義されています。GraphQLサーバーにアクセスするときは、APIリクエストを組み立てるための設計図として型定義を利用できます。先ほどのレイア姫のクエリの例でも、クエリはPersonオブジェクトの型定義に従って組み立てられています。

```
type Person {
  id: ID!
  name: String
  birthYear: String
  eyeColor: String
  gender: String
  hairColor: String
  height: Int
  mass: Float
  skinColor: String
  homeworld: Planet
  species: Species
  filmConnection: PersonFilmsConnection
  starshipConnection: PersonStarshipConnection
  vehicleConnection: PersonVehiclesConnection
  created: String
  edited: String
}
```

このように、レイア姫に対してクエリで参照できるすべてのフィールドがPerson型で定義されています。GraphQLのスキーマと型システムに関するより詳しい内容は「3章 GraphQLの問い合わせ言語」で解説します。

GraphQLは**宣言型**のデータ取得言語であると誤解されがちです。GraphQLの開発者は**どのような**形でデータを渡すかを重要視して**どうやって**それらのデータを取得するかをないがしろにしているということです。しかしそれは間違いです。GraphQLにはC#、Clojure、Elixir、Erlang、Go、Groovy、Java、JavaScript、.NET、PHP、Python、Scala、Rubyといった多様な言語でのサーバー実装のライブラリが存在します[*1]。

この本では、GraphQLのサービスをJavaScriptで構築していきます。なお、本書で紹介するすべてのテクニックは、実装言語によらず活用できます。

1.1.1 GraphQLの言語仕様

GraphQLはクライアント/サーバー通信のための言語仕様です。GraphQLという仕様では、GraphQLの書き方やGraphQLでできることが示されています。言語仕様を知れば固有の用語を知ることができます。固有の用語を知れば共通のコミュニティで語られている内容が理解できるようになります。

＊1 GraphQLのサーバーライブラリについてはhttps://graphql.org/code/を参照。

言語仕様として有名なものにECMAScriptがあります。ブラウザを開発している企業、テックカンパニー、コミュニティの代表者が定期的に集まってECMAScriptの言語仕様に取り入れるべき仕様（あるいは取り除くべき仕様）を協議しています。GraphQLも同様です。GraphQLの開発者が集まって取り入れるべき仕様（あるいは取り除くべき仕様）について議論し、GraphQLのライブラリはそれらの言語仕様に従って実装されています。

GraphQLの開発チームは仕様を公開する際、JavaScriptによるサーバーの参照実装――**graphql.js**（https://github.com/graphql/graphql-js）――も公開しました。この参照実装は設計図として有用ですが、JavaScriptでサービスを実装することを強要しているわけではありません。参照実装はあくまでガイドです。クエリ言語と型システムを理解すれば、自分の好きな言語でGraphQLサーバーを実装できます。

GraphQLの実装はGraphQLの言語仕様に忠実でなければなりません。GraphQLの言語仕様はクエリを書くための言語と文法を規定しています。GraphQLの言語仕様は型システムと型システムに基づいたクエリの実行とバリデーションも規定しています。しかしそれ以外には何も規定していません。言語仕様は実装言語を指定していませんし、データの格納方法も指定していません。サポートするクライアントも指定していません。言語仕様はガイドラインですが、実際のプロダクトの設計は実装者に委ねられています（言語仕様についてより詳しく知りたい場合は、公式ドキュメントhttp://facebook.github.io/graphql/を参照してください）。

1.1.2 GraphQLの設計原則

GraphQLはAPIの実装を規定しませんが、サービスの設計に関するガイドラインは示しています[*1]。

階層構造

GraphQLのクエリは階層構造になっています。フィールドは他のフィールドの入れ子になり、クエリはレスポンスと同じ構造を取ります。

プロダクト中心

GraphQLは、データを必要とするクライアントの言語やランタイムに従って実装されます。

＊1 「GraphQL Spec」（June 2018）を参照（http://facebook.github.io/graphql/June2018/#sec-Overview）。

強い型付け

GraphQLサーバーはGraphQLの型システムに保証されています。それぞれのフィールドは固有の型を持ち、バリデーションされます。

クライアントごとのクエリ

GraphQLサーバーはクライアントが必要とする機能を提供します。

自己参照

GraphQL言語はGraphQLサーバー自身の型システムを問い合わせられるようにできています。

GraphQLの仕様に関する基本的な内容を紹介しました。次にGraphQLが生まれた経緯を紹介します。

1.2 GraphQLの誕生

2012年、Facebookは同社のモバイルアプリを作り直すことを決定しました。当時のiOS/Androidアプリは、モバイル版のWebサイトの単なるラッパーでした。FacebookはRESTfulなAPIサーバーとFQL（Facebook用のSQL）のデータテーブルで運用されていました。パフォーマンスに難があり、アプリケーションはたびたびクラッシュしていました。作り直しが決定した時点で、エンジニアたちはクライアントのアプリケーションにデータを送る手法を改善する必要性を感じていました*1。

開発チームのLee Byron、Nick Schrock、Dan Schaferは、データのあり方をクライアントサイドから考え直すことにしました。そして、同社のクライアント/サーバーアプリケーションの性能上の課題とデータ構造の要件を満たす解決策とすべく、GraphQLというクエリ言語を作り始めました。

2015年の7月、このチームは最初のGraphQLの仕様を公開し、JavaScriptによる参照実装であるgraphql.jsを公開しました。2016年の9月には、GraphQLはテクニカルプレビュー版を脱しました。つまり、GraphQLは正式に実戦投入できる状態になりました。もっとも、Facebookではこの時点ですでに、数年間GraphQLを実際に利用していました。今日では、GraphQLはFacebookのほぼすべてのデータ取得に利用されていて、IBM、Intuit、Airbnbほか多くの企業で実戦投入されています。

---

*1 Dan SchaferとJing Chenの「Data Fetching for React Applications」（React.js Conf 2015）を参照（https://www.youtube.com/watch?v=9sc8Pyc51uU）。

1.3 データ通信の歴史

GraphQLはいくつかのまったく新しい考え方をもたらしましたが、これらはすべてデータ通信の歴史的背景から解釈しなければなりません。データ通信について考えるということは、コンピュータ間でどのようにデータがやり取りされるのかを考えるということです。私たちはいつでも遠隔地のシステムに何らかのデータを要求し応答を待っています。

1.3.1 RPC

1960年代、リモートプロシージャコール（RPC）が発明されました。RPCはクライアントから発され、遠隔地のコンピュータに向けて何らかの動作を要求するメッセージを送りつけます。遠隔地のコンピュータが、メッセージを受け取ると、クライアントに向けてレスポンスを送信します。これらのコンピュータは私たちが利用しているクライアント/サーバーとは異なるものですが、基本的な情報の流れは同じです。クライアントは何らかのリクエストデータを送信し、サーバーからレスポンスを受け取るのです。

1.3.2 SOAP

1990年代後半、マイクロソフトによってSimple Object Access Protocol（SOAP）が提案されました。SOAPでは、HTTPプロトコルを用い、XML形式でエンコードされたメッセージを通信します。SOAPは型システムを持ち、リソース指向のデータ呼び出しの考え方を持ち込みました。SOAPは予測しやすいレスポンスを実現しましたが、実装が複雑すぎたために開発者は苦労していました。

1.3.3 REST

おそらく、今日最も馴染み深いAPIのパラダイムはRESTでしょう。2000年にカリフォルニア大学アーバイン校でRoy Fieldingが執筆した博士論文「Architectural Styles and the Design of Network-based Software Architectures」（http://bit.ly/2j4SIKI）でRESTが提唱されました。彼は、GET、PUT、POST、DELETEといった操作を実行することでWebのリソースを操作するリソース指向アーキテクチャを提唱しました。また、リソースのネットワークは**仮想的な状態機械**であり、アクション（GET、PUT、POST、DELETE）は状態機械の状態を変更する操作としてとらえられるとしました。今日では当たり前のこととして受け入れられているかもしれませんが、当時としては先進的でした（喜ばしいことに、この論文によってRoy Fieldingは博士号を取得しました）。

RESTfulなアーキテクチャではURIは情報に対応します。次に示すそれぞれのエンドポイントにリクエストを送信すると、それぞれ固有のレスポンスを返します。

```
/api/food/hot-dog
/api/sport/skiing
/api/city/Lisbon
```

RESTは私たちに固有のデータモデルからなる多様なエンドポイントを提供します。これは既存の手法に比べて単純明快なアーキテクチャを実現します。RESTはより複雑なWebを実現するための新しい手段になりましたが、固有のデータのレスポンス型を規定しませんでした。当初、RESTはXMLと一緒に使用されました。AJAXのもともとの語源はAsynchronous JavaScript And XMLの頭文字語であり、AJAXのレスポンスはXMLフォーマットでした（現在では単語として独立し、「Ajax」と表記されるようになっています）。AJAXによってWeb開発者は苦難を強いられることになりました。JavaScriptでレスポンスデータを扱うためにXMLをパースしなければならなかったためです。

それから間もなく、Douglas CrockfordによってJavaScript Object Notation（JSON）が開発され、標準化されました。JSONは言語に縛られない洗練されたデータフォーマットを持ち、さまざまな言語でパースし、使用することが可能です。Douglas Crockfordの著書『JavaScript: The Good Parts ―「良いパーツ」によるベストプラクティス』（https://www.oreilly.co.jp/books/9784873113913/）では、JSONが「良いパーツ」のひとつとして紹介されています。

RESTがもたらした影響は計り知れません。数え切れないほどのAPIがRESTで作られています。開発者は多かれ少なかれRESTの恩恵にあずかっています。今でも多くの愛好家がRESTfulについて議論を重ねており、彼らは**RESTafarians**と呼ばれています。では、なぜByron、Schrock、Schaferは新しい形式のAPIを作り始めたのでしょうか。その答えとして、RESTが抱えているいくつかの課題について説明しましょう。

1.4 RESTの課題

GraphQLが初めてリリースされたとき、GraphQLをRESTの代替品であるとする声が上がりました。アーリーアダプターは「RESTの時代は終わりだ！」と声を上げ、REST APIの終焉を疑いませんでした。多くの人がGraphQLに関するブログを閲覧し、カンファレンスで議論を交わしていましたが、GraphQLがRESTに成り代わるというのは行きすぎた主張でした。より実情に即した表現をするのであれば、Webが発達するにつれてRESTが適合しない状況が生まれ始めているということです。そういった状況に適合する形式のAPIとして、GraphQLが誕生しました。

1.4.1 過剰な取得

REST版のSWAPIからデータを取得するアプリケーションを作成するとします。最初に、私たちは登場人物番号1のルーク・スカイウォーカー[*1]に関するデータを取得する必要があります。https://swapi.co/api/people/1/ にGETリクエストを投げることで、このデータを受け取ることができます。レスポンスのJSONは以下のとおりです。

```
{
  "name": "Luke Skywalker",
  "height": "172",
  "mass": "77",
  "hair_color": "blond",
  "skin_color": "fair",
  "eye_color": "blue",
  "birth_year": "19BBY",
  "gender": "male",
  "homeworld": "https://swapi.co/api/planets/1/",
  "films": [
    "https://swapi.co/api/films/2/",
    "https://swapi.co/api/films/6/",
    "https://swapi.co/api/films/3/",
    "https://swapi.co/api/films/1/",
    "https://swapi.co/api/films/7/"
  ],
  "species": [
    "https://swapi.co/api/species/1/"
  ],
  "vehicles": [
    "https://swapi.co/api/vehicles/14/",
    "https://swapi.co/api/vehicles/30/"
  ],
  "starships": [
    "https://swapi.co/api/starships/12/",
    "https://swapi.co/api/starships/22/"
  ],
```

＊1 注意：SWAPIのデータベースには、最新の『スター・ウォーズ』の映画の情報は含まれていません。

```
  "created": "2014-12-09T13:50:51.644000Z",
  "edited": "2014-12-20T21:17:56.891000Z",
  "url": "https://swapi.co/api/people/1/"
}
```

これは非常に大きいレスポンスです。アプリケーションが必要としていない余分なデータだらけです。本当に必要だったデータは名前、身長、体重だけです。

```
{
  "name": "Luke Skywalker",
  "height": "172",
  "mass": "77"
}
```

これは**過剰な取得**が起きているわかりやすい例です。必要のない大量のデータを受け取っています。クライアントが必要としていたのは3つのフィールドだけでしたが、実際に受け取っているのは16のキーからなるオブジェクトであり、無駄なデータをネットワークを介して受け取っています。

GraphQLのアプリケーションだったらどうでしょう。ルーク・スカイウォーカーの名前と身長、体重を取得するクエリを**図1-3**に示します。

```
1 query {
2   person(personID:1){
3     name
4     height
5     mass
6   }
7 }
```

```
{
  "data": {
    "person": {
      "name": "Luke Skywalker",
      "height": 172,
      "mass": 77
    }
  }
}
```

図1-3 ルーク・スカイウォーカーの情報を取得するクエリ

図の左側がGraphQLのクエリです。クエリでは必要なフィールドだけを指定しています。右側が受け取るJSONレスポンスです。要求したデータだけがレスポンスに含まれ、13もの余分なフィールドがサーバーからスマートフォンの間を無意味に旅することを防げたことがわかります。欲しいデータを受け取れるようにクエリを作成し、望んだ構造のレスポンスを受け取ることができます。余分なデータはなく、欠けているデータもありません。余分なデータを取得しないことで、より高速にレスポンスを受け取れる見込みもあります。

1.4.2 過小な取得

プロジェクトマネージャーが私たちのデスクに現れ、「スター・ウォーズ」アプリケーションに新しい機能を追加することになったとしましょう。名前、身長、体重に加えてルーク・スカイウォーカーが出演する映画のタイトルの一覧を取得することになりました。REST APIのケースでは、https://swapi.co/api/people/1/のデータを取得した上で、映画の一覧を取得するためにさらにAPIリクエストを叩く必要に迫られます。**過小な取得**の結果です。

各映画のタイトルを取得するために、私たちは以下のエンドポイントからデータを取得しなければなりません。

```
"films": [
  "https://swapi.co/api/films/2/",
  "https://swapi.co/api/films/6/",
  "https://swapi.co/api/films/3/",
  "https://swapi.co/api/films/1/",
  "https://swapi.co/api/films/7/"
]
```

これらのデータを取得するために、ルーク・スカイウォーカーの情報を得るエンドポイント（`https://swapi.co/api/people/1/`）への1回のリクエストと、それぞれの映画の情報を取得するための5回のリクエストが必要になりました。また、それぞれの映画に関する大きなデータオブジェクトを取得する羽目になりました。本当に必要だったものは映画のタイトルだけです。

```
{
  "title": "The Empire Strikes Back",
  "episode_id": 5,
  "opening_crawl": "……",
  "director": "Irvin Kershner",
  "producer": "Gary Kurtz, Rick McCallum",
  "release_date": "1980-05-17",
  "characters": [
    "https://swapi.co/api/people/1/",
    "https://swapi.co/api/people/2/",
    "https://swapi.co/api/people/3/",
    "https://swapi.co/api/people/4/",
    "https://swapi.co/api/people/5/",
```

```
    "https://swapi.co/api/people/10/",
    "https://swapi.co/api/people/13/",
    "https://swapi.co/api/people/14/",
    "https://swapi.co/api/people/18/",
    "https://swapi.co/api/people/20/",
    "https://swapi.co/api/people/21/",
    "https://swapi.co/api/people/22/",
    "https://swapi.co/api/people/23/",
    "https://swapi.co/api/people/24/",
    "https://swapi.co/api/people/25/",
    "https://swapi.co/api/people/26/"
  ],
  "planets": [
    //…… 大量のルートのリスト
  ],
  "starships": [
    //…… 大量のルートのリスト
  ],
  "vehicles": [
    //…… 大量のルートのリスト
  ],
  "species": [
    //…… 大量のルートのリスト
  ],
  "created": "2014-12-12T11:26:24.656000Z",
  "edited": "2017-04-19T10:57:29.544256Z",
  "url": "https://swapi.co/api/films/2/"
}
```

これらの映画の登場人物についても必要になるとすれば、さらに多くのリクエストを送信する必要があります。その場合はさらに16のエンドポイントにリクエストを投げて、レスポンスを待たなければなりません。それぞれのHTTPリクエストがクライアントのリソースを専有する上、取得するデータには余計なデータも含まれています。その結果、レスポンスが遅くなってユーザー体験は悪化し、性能の低い端末を使用するユーザーや低速のネットワーク下のユーザーに至ってはコンテンツを閲覧することすらままならないかもしれません。

過小な取得に対するGraphQLの解決法は、**図1-4**のような入れ子になったクエリを定義して、1回のリクエストで必要なデータをすべて要求することです。

```
query {
  person(personID:1){
    name
    height
    mass
    filmConnection {
      films {
        title
      }
    }
  }
}
```

```
{
  "data": {
    "person": {
      "name": "Luke Skywalker",
      "height": 172,
      "mass": 77,
      "filmConnection": {
        "films": [
          {
            "title": "A New Hope"
          },
          {
            "title": "The Empire Strikes Back"
          },
          {
            "title": "Return of the Jedi"
          },
          {
            "title": "Revenge of the Sith"
          },
          {
            "title": "The Force Awakens"
          }
        ]
      }
    }
  }
}
```

図1-4　出演する映画のタイトルを含めた入れ子のクエリ

ご覧のとおり、一度のリクエストで必要なデータだけを取得することができました。さらに、クエリのデータ構造とレスポンスデータのデータ構造は常に一致しています。

1.4.3　RESTのエンドポイント管理

もうひとつのREST APIの課題は自由度の低さです。クライアントに変更が加わると新しいエンドポイントを作成する必要があり、エンドポイントの数が膨れ上がっていきます。

SWAPI REST APIの例では、私たちは多数のエンドポイントに対してリクエストを送る必要がありました。多くの大規模アプリケーションでは、HTTPリクエストの回数を減らすための最適化されたエンドポイントを作成しています。`/api/character-with-movie-title`といったエンドポイントです。こういったエンドポイントをたびたび作成する必要が出てくると、開発速度が低下してしまいます。フロントエンドとバックエンドのチームがたびたび計画をすり合わせなければならなくなるからです。

GraphQLには基本的に単一のエンドポイントしか存在しません。単一のエンドポイントに送られるクエリに基づいてさまざまなデータを統合します。単一のエンドポイントであることで、データの統合は少し容易になります。

ここまでRESTの課題に関して議論してきましたが、多くの組織ではGraphQLとRESTを併用していることについても言及しましょう。GraphQLのエンドポイントを作成し、GraphQLサーバーからRESTのエンドポイントへリクエストするというやり方は、GraphQLの使い方として何ひとつ間違っていません。皆さんの組織に漸進的にGraphQLを導入するための最適な方法です。

1.5 GraphQLの実情

GraphQLはさまざまな企業で利用され、アプリケーション、Webサイト、APIをより良いものにしています。最も有名な早期のGraphQL採用事例のひとつとして、GitHubのAPIが挙げられます。GitHubはバージョン3までREST形式のAPIを運用し、バージョン4では公開APIをGraphQLに切り替えました。https://developer.github.com/v4/で言及されているように、GitHubは「必要なデータを正確に指定して受け取れるという利点は、RESTから切り替えるに値するほど大きい」としています。

ニューヨーク・タイムズ、IBM、Twitter、Yelpといった企業でもGraphQLが採用されており、それらの企業の開発者たちはカンファレンスの場でGraphQLの恩恵をたびたび布教しています。

GraphQLのカンファレンスは少なくとも3つ存在しています。サンフランシスコで行われるGraphQL Summit、ヘルシンキで行われるGraphQL Finland、ベルリンで行われるGraphQL Europeです。GraphQLのコミュニティは各地のミートアップや、さまざまなソフトウェアのカンファレンスを通じて成長し続けています。

1.5.1 GraphQLのクライアント

何度も言及していますが、GraphQLは仕様にすぎません。GraphQLはReactやVue.jsでなくても、JavaScriptでなくても、あるいはブラウザでなくても利用できます。GraphQLは小さな仕様群にすぎず、それ以上のアーキテクチャの決定権は開発者にあります。その結果、仕様書を超えた内容が実装されたいくつかのツールが誕生しました。具体的なGraphQLのクライアントを紹介しましょう。

GraphQLのクライアントは開発チームの作業効率の向上とアプリケーションのパフォーマンスの向上を目的にして作られています。GraphQLのクライアントはネットワークのリクエスト、データのキャッシュ、ユーザーインターフェースへのデータの注入といった処理を肩代わりしてくれます。GraphQLのクライアントは多数開発されていますが、特に注目されているのは**Relay**（https://facebook.github.io/relay/）と**Apollo**（https://www.apollographql.com/）です。

RelayはFacebookが開発したクライアントで、ReactとReact Native上で動作します。RelayはReactのコンポーネントとGraphQLサーバーから取得したデータを結びつけることを目的として作られています。RelayはFacebook、GitHub、Twitchなど、さまざまな企業で採用されています。

ApolloクライアントはMeteorの開発グループが開発し、コミュニティ駆動でより包括的なGraphQL関連のツール群を提供しています。Apolloクライアントはすべてのメジャーなフロントエンドのプラットフォームとフレームワークをサポートしています。ApolloはGraphQLのサービスを作成するための支援ツールも提供しており、バックエンドのパフォーマンス向上ツールやAPIのパフォーマンスのモニタリングツールも提供しています。Airbnb、CNBC、ニューヨーク・タイムズ、チケットマスターなどの企業がApolloクライアントを実戦投入しています。

GraphQLのエコシステムは巨大で変化し続けていますが、本体の仕様は標準化され非常に安定しています。この先の章ではGraphQLのスキーマの記述方法、サービスの実装方法を解説します。これらの実装例は本書のGitHubリポジトリhttps://github.com/moonhighway/learning-graphql/から入手できます。実装例は章ごとに分けてあります。有益なリンクやドキュメントもあるのでぜひ参照してください。

さて、GraphQLのアプリケーションを実装し始める前に、グラフ理論とGraphQLに垣間見えるグラフ理論の知見に関する小話をしましょう。

2章 グラフ理論

朝アラームが鳴ると、スマートフォンに手を伸ばします。アラームを消すと2つの通知が来ていることに気づきます。昨晩のツイートに15人がいいねをしたようです。よし。3人がリツイートしています。やったぁ。ツイートのいいね、リツイートの情報は**図2-1**のようなグラフの形で届けられます。

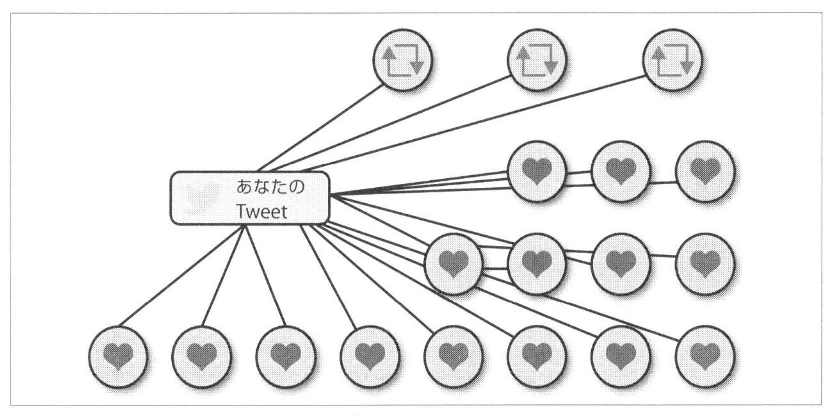

図2-1　Twitterのいいねとリツイートのグラフ

電車に乗るため、Irving Park駅の階段を駆け上がり、ドアが閉まる直前に電車に飛び込みます。完璧だ。各駅停車の電車は左右に揺れつつ進みます。

電車は各駅に停車します。Addison駅、Paulina駅、Southport駅、Belmont駅の順に停まっていきます。Belmont駅でRed Lineに乗り換えて、Fullerton駅を経てNorth/Clybourn駅で降ります。職場に向かう電車の路線図は**図2-2**に示すとおりです。

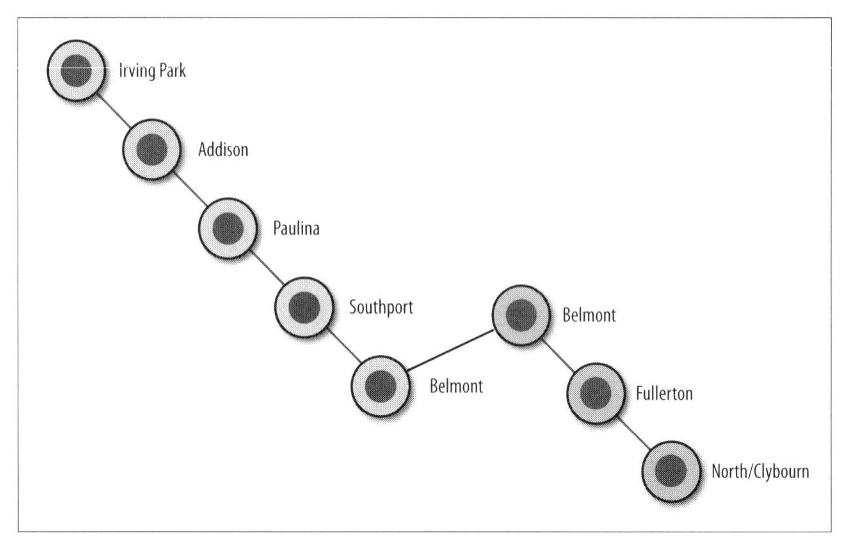

図2-2 通勤経路の路線図

駅の構内を出るためにエスカレーターに乗っていると、電話が鳴りました。妹からです。彼女は7月にある祖父の80歳の誕生日パーティーに参加するために、電車の切符を購入したいと言います。「お父さんのお父さん？それともお母さんの？」と尋ねると、「お父さんのほうだけど、お母さんの両親も参加すると思うわ。叔母のLindaと叔父のSteveも参加すると思う」と。参加者をグラフの形で描いてみます。このパーティーは、**図2-3**のように親族の関係図で表現できます。

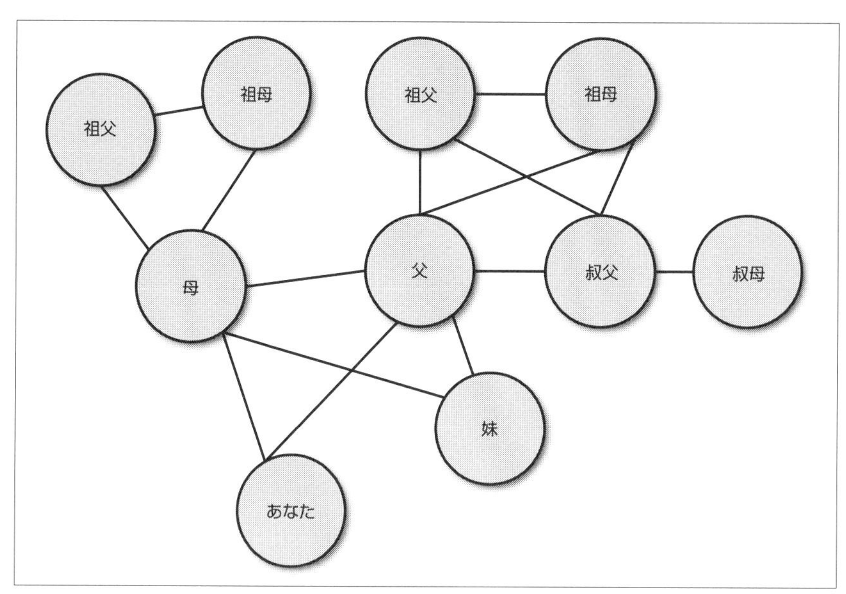

図 2-3 親族の関係図

グラフが日常のそこかしこに存在することにお気づきいただけたでしょう。SNSも、路線図も、家系図もグラフです。**図 2-4** のように天に広がる壮大な星座もグラフです。

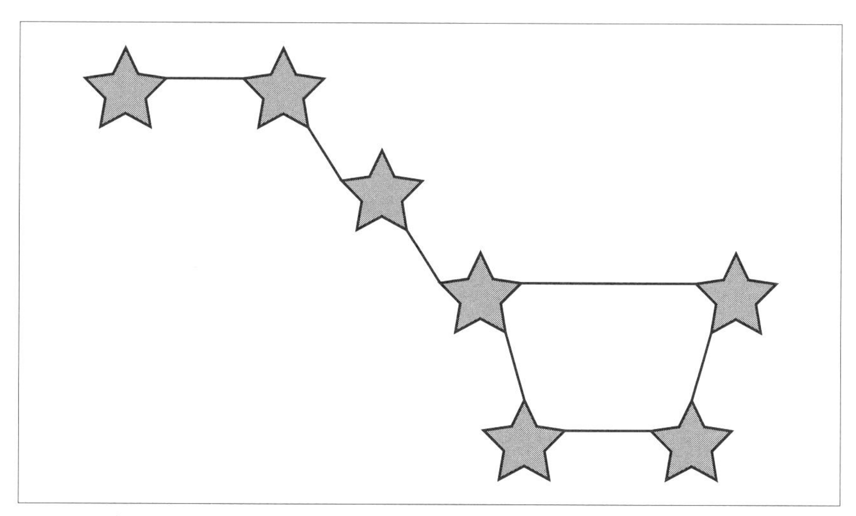

図 2-4 北斗七星

図2-5のような天然の最小の構造体もグラフです。

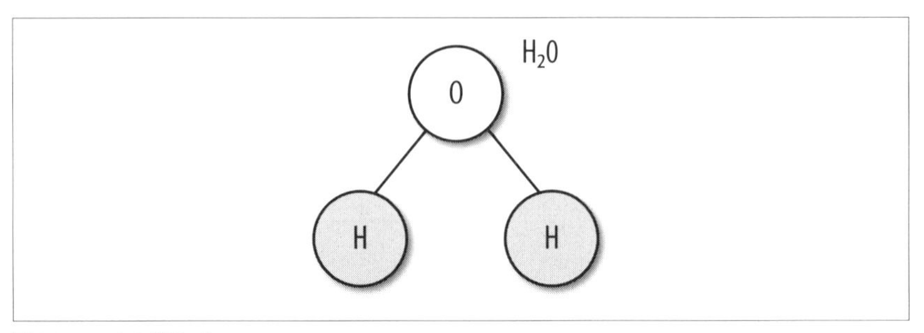

図2-5 H_2Oの構造式

私たちの周りにはグラフが溢れています。それはグラフが物や人、アイデア、データといった概念同士の関係性を図示するための優れた考え方だからです。では、グラフという考え方はどこからやってきたのでしょうか。これを理解するために、**グラフ理論**とその数学的な起源について少し覗いてみるとしましょう。

グラフ理論のことをまったく知らなくても、GraphQLを使う上でなんら支障はありません。それでも、GraphQLのコンセプトの背後にある文脈 ── グラフ理論について知ることはとても面白いことだと考えています。

2.1 グラフ理論の用語

グラフ理論はグラフの学問です。グラフは相互に接続されたオブジェクトの集合を形式的に表現するために使われます。グラフは、データを含むオブジェクトとそれらのコネクションから構成されます。コンピュータサイエンスの分野では、グラフはデータのネットワークを表すために使われてきました。グラフは**図2-6**のように表されます。

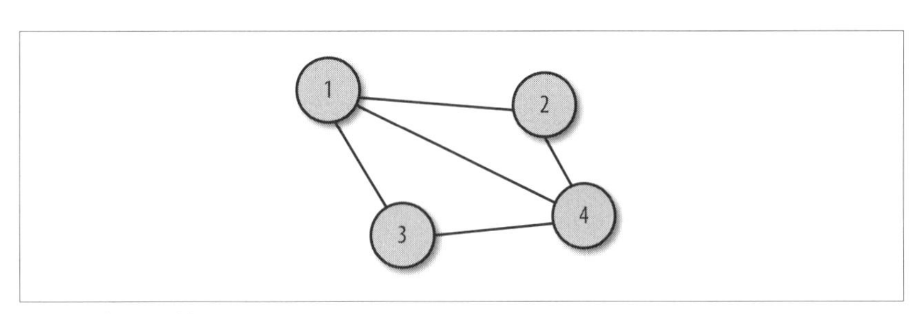

図2-6 グラフの例

このグラフはデータを表す4つの円からできています。グラフの用語ではこれを**ノード**（node）、または**頂点**（vertex）と呼びます。ノードの間にある5つのコネクションは**エッジ**（edge）と呼びます[*1]。

数学的な表現をすると、グラフは

$$G = (V, E)$$

と表されます。

Gはグラフを意味し、VとEはそれぞれ頂点（Vertex）とエッジ（Edge）の集合を意味します。この例だと、Vは

```
vertices = { 1, 2, 3, 4}
```

と表現できます。

Eはエッジの集合を表し、ノードの組で表現できます。

```
edges = { {1, 2},
          {1, 3},
          {1, 4},
          {2, 4},
          {3, 4} }
```

エッジのリストの順番を入れ替えるとどうなるでしょうか。例えばエッジを次のように入れ替えます。

```
edges = { {4, 3},
          {4, 2},
          {4, 1},
          {3, 1},
          {2, 1} }
```

図2-7で表したように、グラフは変わりません。

*1　ノードとエッジについてさらに情報が必要ならVaidehi Joshiのブログ記事「A Gentle Introduction to Graph Theory」（https://dev.to/vaidehijoshi/a-gentle-introduction-to-graph-theory）を読みましょう。

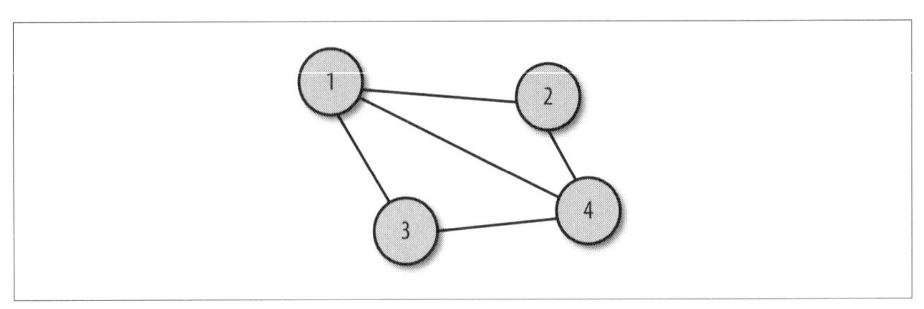

図2-7 グラフの例

ノードの関係に階層構造や方向があるわけではないので、式が表すグラフが変わることはありません。グラフ理論の分野では、このようなグラフを**無向グラフ**（https://algs4.cs.princeton.edu/41graph/）と呼びます。エッジやエッジのペアは並び順に依存しません（**非順序対**）。

ノード間を移動することを考えましょう。無向グラフでは、任意のノードから任意のノードへ、どの方向にも移動できます。無向グラフではデータに明確な順序がなく、非線形のデータ構造であると言えます。次に**図2-8**の**有向グラフ**について考えてみましょう。

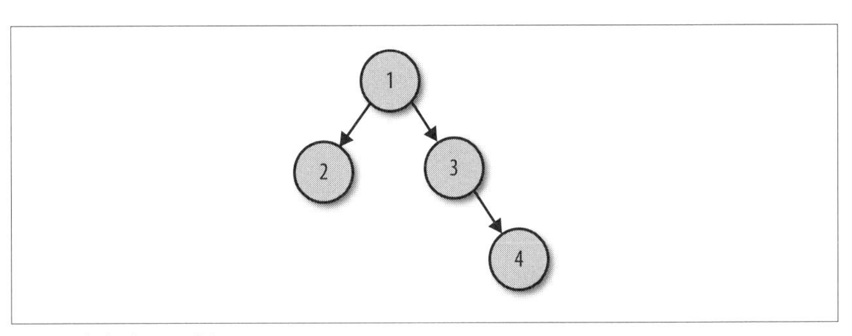

図2-8 有向グラフの例

ノードの数は先ほどの無向グラフの例と同じですが、エッジが線から矢印に変わっています。有向グラフでは、ノード間に向き、あるいは流れがあります。このことを表現する式は以下のようになります。

```
vertices = {1, 2, 3, 4}
edges = ( {1, 2},
          {1, 3}
          {3, 4} )
```

ひとまとめにすると、以下のように表現できます。

```
graph = ( {1, 2, 3, 4},
          ({1, 2}, {1, 3}, {3, 4}) )
```

エッジを表すノードのペアの集まりは波括弧ではなく、丸括弧で囲います。丸括弧は中で定義されているエッジが順番を持っていることを示します。エッジに方向があるグラフを有向グラフと呼びます。エッジを定義するペアを並べ替えるとどうなるでしょうか。先ほどのようにグラフの形状は変わらないのでしょうか。

```
graph = ( {1, 2, 3, 4},
          ( {4, 3}, {3, 1}, {1, 2} ) )
```

結論から言うと、グラフの形状はまったく異なるものになります。**図2-9**のように、ノード4を根に持つグラフになります。

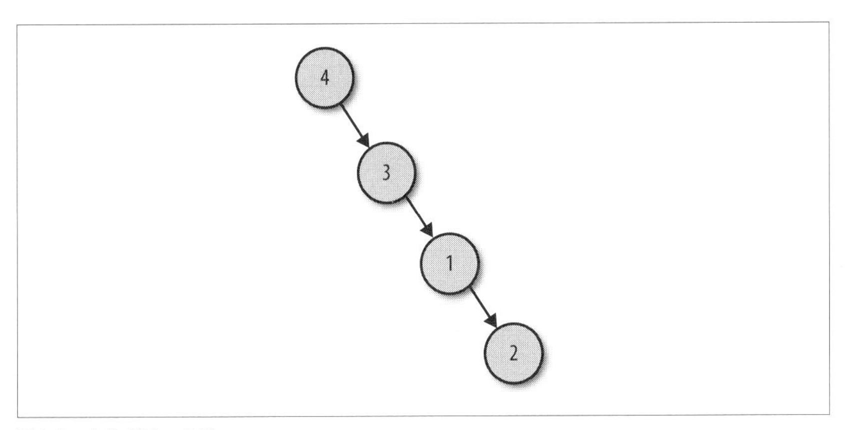

図2-9 有向グラフの例

このグラフのすべてのノードを走査するには、ノード4からエッジの矢印に沿ってノードを移動していく必要があります。ノードからノードへ移動し、グラフを走査していく様子を理解するためには、先ほどのように図の形にするのが便利です。さらに言えば、現実での移動の問題こそがグラフ理論の考え方の起源です。

2.2 グラフ理論の歴史

グラフ理論の学問の歴史は1735年、プロシアのケーニヒスベルク（http://bit.ly/2AQhU47）にまでさかのぼります。プレーゲル川のほとりに街がありました。この街は**図2-10**のように2つの孤島があり、川の両岸と2つの孤島の計4つに分断された陸地を7つの橋がつないでいました。

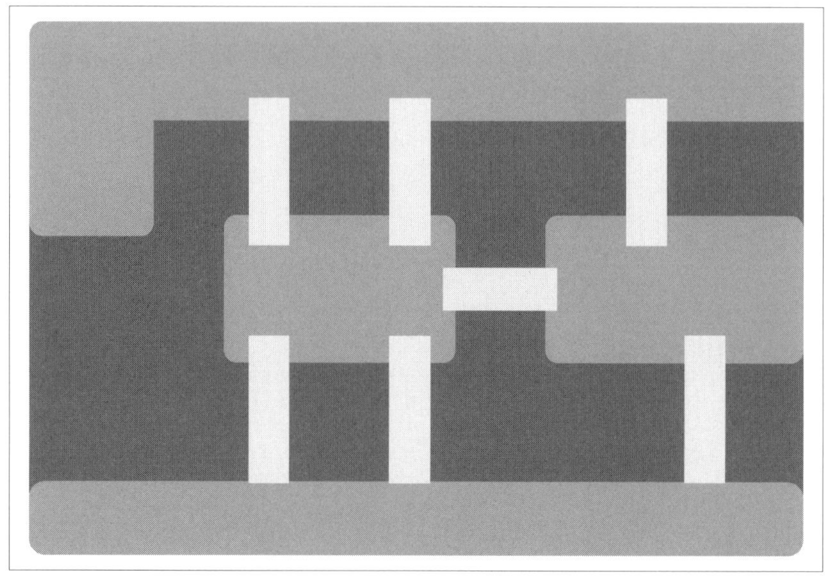

図2-10 ケーニヒスベルクの橋

ケーニヒスベルクは華やかな街でした。街の人々は休日ごとに橋に足を運び、新鮮な空気を味わうのが大好きでした。やがて、人々はあるパズルに向き合います。7つの橋を重複なく一度ずつ渡って4つの陸地を渡り歩くパズルです。人々はパズルに挑戦するも、ついぞパズルが解けることはありませんでした。人々はこのパズルに立ち向かうべく、かのレオンハルト・オイラーに助けを求めました。オイラーはスイスの多才な数学者であり、生涯で500以上の著書と論文を発表しました。

天才は多忙なものでオイラーも例外ではありません。オイラーは当初、橋のパズルを些末なものだと考え、気にかけませんでした。しかし、パズルについて少しばかり考え始めると、街の人々に負けず劣らずの関心を持ち始め、パズルを解くことに熱中していきました。オイラーは通りうる経路を列挙するのではなく、**図2-11**で示すように、橋に着目することでパズルが解けるのではないかと考えました。

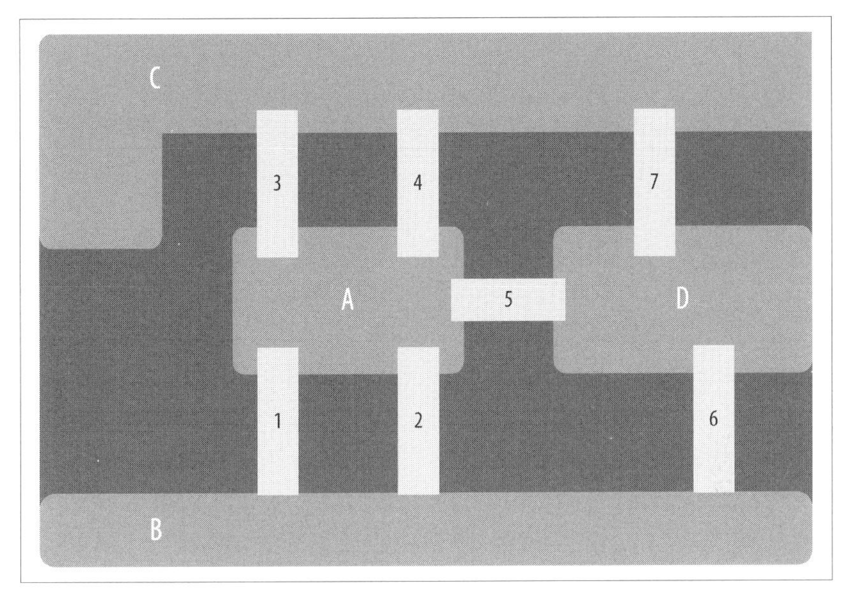

図2-11 採番されたケーニヒスベルクの橋

さらにパズルが簡素化されて、今日知られている**図2-12**のような形になりました。

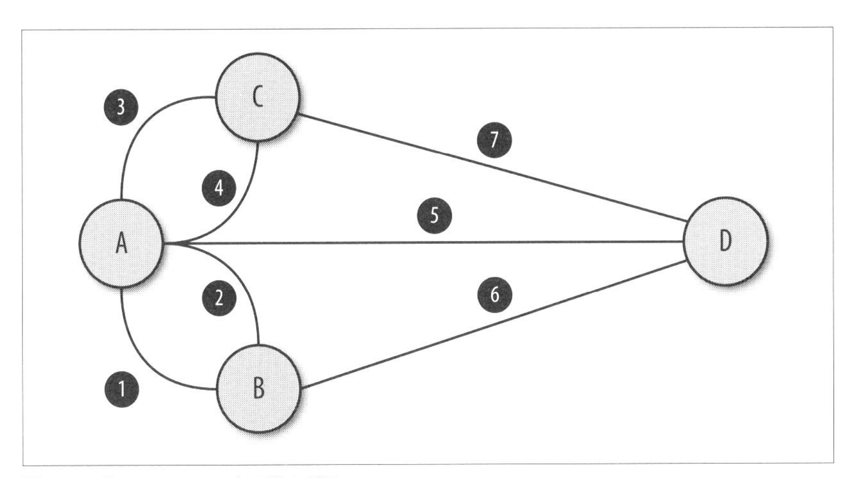

図2-12 ケーニヒスベルクの橋のグラフ

図2-12において、AとBはエッジでつながっているため**隣接している**と言えます。さらに、エッジの数からそれぞれのノードの**次数**を知ることができます。ノードの次数は

ノードに接続されているエッジの数です。ケーニヒスベルクの橋の例を見ると、すべてのノードの次数が奇数であることがわかります。

- A：5つのエッジがノードに接続されている（奇数）
- B：3つのエッジがノードに接続されている（奇数）
- C：3つのエッジがノードに接続されている（奇数）
- D：3つのエッジがノードに接続されている（奇数）

オイラーは、それぞれのノードの次数が奇数だと、すべての橋を一度だけ通る方法が存在しないことに気づきました。簡単に言えば、ある陸地へ向かう橋を渡るとすると、その陸地を去るときには必ず別の橋を渡ることになります。そのため、ある陸地を去れるようにするためには必ず接続された橋の数が偶数である必要があるということです。

今日では、1回だけ橋を渡ることができるようなグラフを**オイラー路**と呼びます。無向グラフにおいて、ちょうど2つのノードの次数が奇数になっているか、すべてのノードの次数が偶数であるときにオイラー路になります。**図2-13**は2つのノード（1と4）の次数だけが奇数になっているオイラー路を示しています。

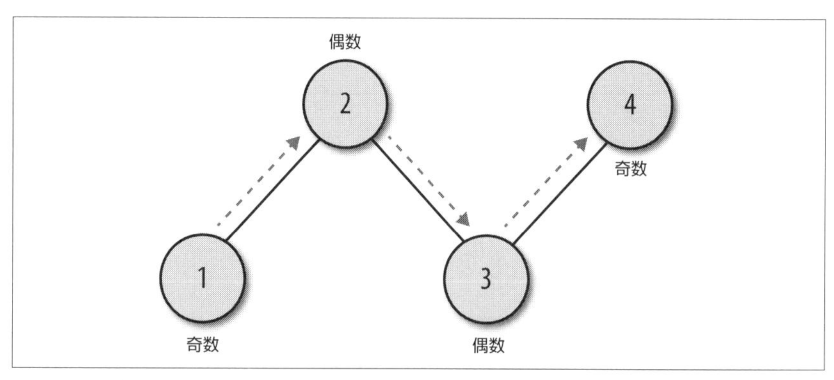

図2-13　オイラー路

また、閉路や**オイラー閉路**と呼ばれる概念もオイラーによって生み出されました。閉路は開始と終了のノードが同一になるグラフの経路です。閉路のうち、すべてのエッジを一度ずつ通過して、開始時と同じノードに戻ってこられるものをオイラー閉路と呼びます（**図2-14**）。

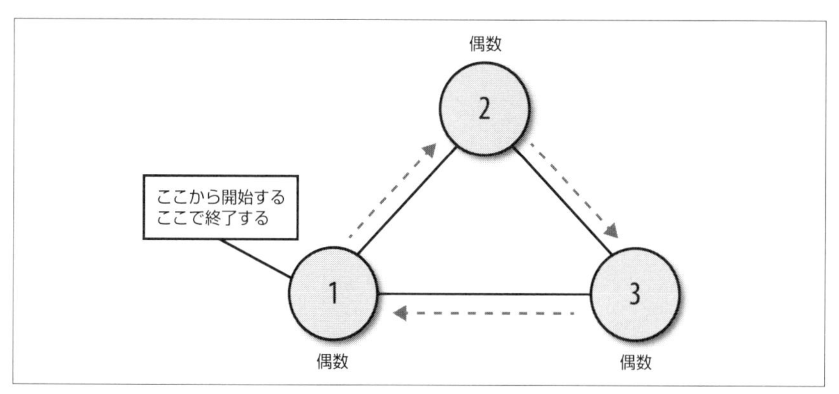

図2-14 オイラー閉路

ケーニヒスベルクの橋の問題により、グラフ理論の最初の定理が生まれました。オイラーはグラフ理論のほかにも、**ネイピア数**（e）や**虚数単位**（i）を生み出した人物として知られています。$f(x)$といった関数の表記、すなわち関数fを変数xに適用することを意味する記法も、レオンハルト・オイラーが生み出しました[*1]。

ケーニヒスベルクの橋の問題は、同じ橋を一度しか通ってはいけないというものでした。この問題には、特定のノードから始めて特定のノードで終わらなければならないといった制約はありません。これは、この問題が無向グラフを走査する問題の例であることを意味します。では、この橋の問題に特定のノードから移動を始めなければならない、という条件が追加されたらどうでしょうか。

島Bに住んでいる人の散歩は島Bから始まります。こういった問題は、有向グラフの一種である木を用いて解くことができます。

2.3 木というグラフ

木というグラフについて紹介しましょう。木はノードが階層的に並べられているグラフです。根と呼ばれるノードが存在すれば、そのグラフは木です。根は階層の最上位にひとつだけ存在します。他のすべてのノードは子孫として直接的、あるいは間接的に接続されています。

組織図を例にとって考えてみましょう。組織図はお手本のような木です。CEOが最上部にいて、他のすべての従業員がCEOの下に接続されています。**図2-15**に示すよう

*1　オイラーに関するより詳しい内容はこちらのURLから確認できます。
http://www.storyofmathematics.com/18th_euler.html

に、組織図ではCEOが根で、他のすべてのノードが根の子ノードです。

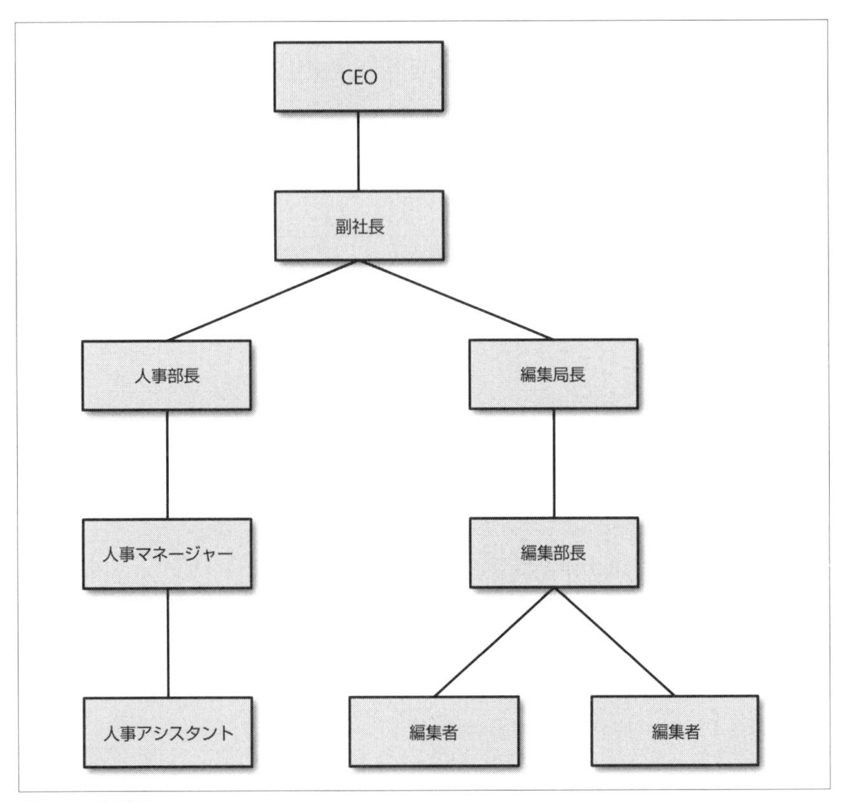

図2-15 組織図

木にはいたるところで使われています。例えば家系図は木です。木で表される意思決定アルゴリズムもあります。データベースの情報を迅速かつ的確に取得できるのも木のおかげです。採用面接の場で二分木を反転させるアルゴリズムをホワイトボードに書かされることがあるかもしれません[*1]。

グラフが木かどうかは、根や開始ノードがあるかどうかで見分けることができます。木では根を起点にしてエッジを介して子へとノードが接続されています。子に接続されているノードは子に対して親と呼びます。また、子を持たない末端のノードは葉と呼

*1　訳注：homebrewの作者がGoogleの採用面接試験でこういった問題を出題されたことが2015年に話題になりました（https://twitter.com/mxcl/status/608682016205344768）。

びます。

ノードはデータを格納しています。そのため、データに迅速にアクセスするためには木のどこにノードがあるのか理解することが大切です。データを迅速に見つけるために、個々のノードの**深さ**を計算しておきます。深さというのは木の根からノードまでの距離のことです。A→B→C→Dという木を例にとりましょう。ノードCの深さは、Cから根までの接続を数えれば求められます。この木の根はAで、ノードAからノードCまでには2つのエッジが存在するので、Cの深さは2です。同様にしてDの深さは3と求められます。

木は階層構造なので、その中に部分的な階層構造、つまり木を内包しています。木に内包された木は部分木と呼ばれます。HTMLはたくさんの部分木を持つ典型的な例です。根には`<html>`タグがあります。その下に`<head>`と`<body>`というノードがあり、それぞれを根にした部分木があります。さらに階層を掘り下げていくと、`<header>`、`<footer>`、`<div>`といったHTMLタグがそれぞれ部分木の根になっています。**図2-16**のような階層が多い木には、多くの部分木が含まれています。

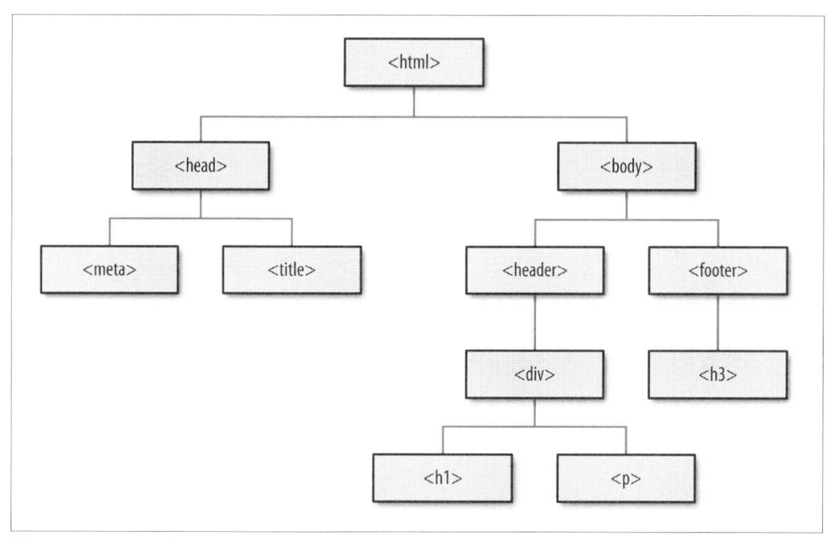

図2-16　HTMLの木

木が特別なグラフであったように、**二分木**という特別な木があります。二分木ではそれぞれのノードがたかだか2つしか子を持ちません。二分木の実用例としては**二分探索**

木が有名です[*1]。二分探索木は、ノードが特別な順番で並んでいる二分木です。二分木の構造とノードの並び順のおかげで、必要なデータを迅速に見つけることが可能になります。**図2-17**に二分探索木の例を示します。

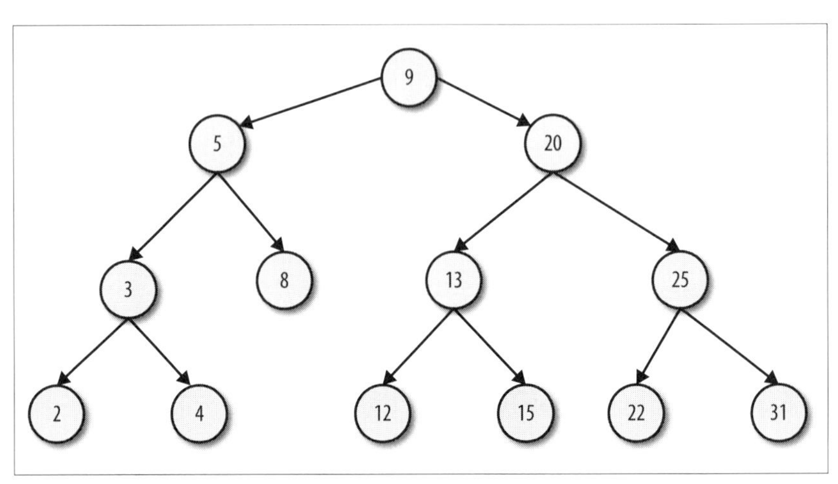

図2-17 二分探索木

二分探索木は根を持ち、それぞれノードがたかだか2つしか子を持ちません。ノード15を探したいとしましょう。二分探索木がなければ、あなたはすべてのノードを探し回ってノード15を見つけなければなりません。運良く正しいエッジを渡って効率的にノード15を見つけられるかもしれません。あるいは、運悪く非効率的に木を探索するハメになるかもしれません。

二分探索木では、左右の子に関するルールを使ってノード15を効率的に見つけ出すことができます。例えば、根が9だったとしましょう。15は9よりも大きいでしょうか、小さいでしょうか。小さければ左、大きければ右の子を探索します。15は9よりも大きいので右の子へ向かいます。探す場所を半分に絞ることができました。次のノードは20です。15は20よりも小さいので、左に向かいます。残っているノードはさらに半分になりました。次はノード13です。15は13よりも大きいので右に向かいます。ノード15にたどり着きました。このように、ルールに従ってノードを半分ずつに絞っていくことで、効率的に必要なノードにたどり着くことができます。

*1 Vaidehi Joshiのブログ記事「Leaf It Up to Binary Trees」(http://bit.ly/2vQyKd5)を参照してください。

2.4 実世界でのグラフ

GraphQLを使って仕事をしていくと、これらのグラフ理論の概念を日常的に目にすることになるかもしれません。もちろん、GraphQLを単にクライアントが効率的にデータを取得するための道具として使うこともできるでしょう。それでも、これらのグラフ理論の考え方はGraphQLプロジェクトの裏側に潜んでいます。ここまで見てきたとおり、グラフは多くのデータを必要とするアプリケーションと非常に相性がいいものです。

Facebookを例にとって考えてみましょう。ここで学んだグラフ理論の単語を使用すると、Facebookのそれぞれのユーザーはノードと表現することができそうです。ユーザーとユーザーが友達であるとしたら、それはエッジを介して双方向に接続していると言えるでしょう。Facebookは無向グラフであると言えます。Facebookで誰かと友達になると、その相手も自分と友達になります。親友のSarahとの友人関係も双方向のものです。私たちはお互いに友達です（**図2-18**）。

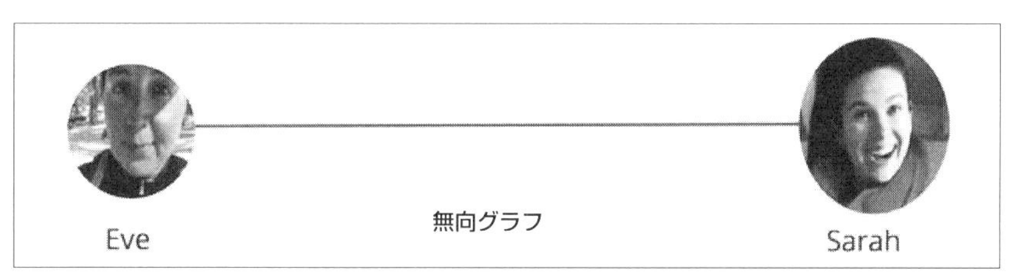

図2-18　Facebookの無向グラフ

Facebookグラフは無向グラフで、内部に多くのつながりがあるネットワーク、すなわちソーシャルネットワークであると言えます。グラフ上であなたのすべての友人が接続されています。それぞれの友人たちも、そのすべての友人たちと接続されています。どのノードから開始することも、どのノードで終わることもできます（**図2-19**）。

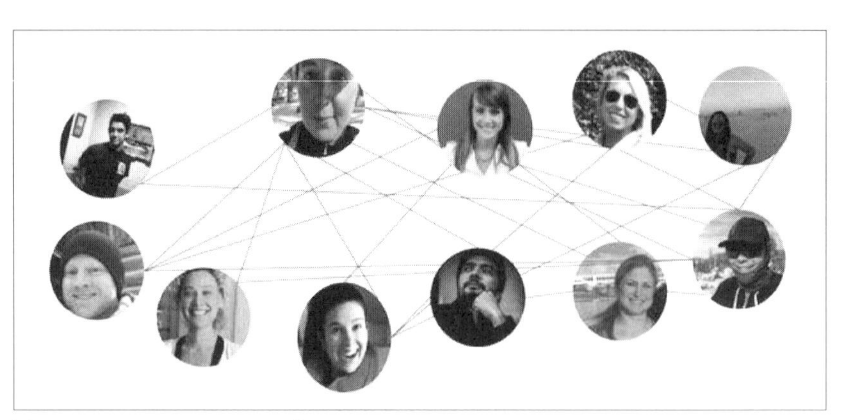

図2-19 Facebookのソーシャルネットワーク

一方で、Twitterはどうでしょうか。Facebookでは接続が双方向でしたが、Twitterでは**図2-20**のように接続は一方向なものになっています。あなたがミシェル・オバマをフォローしたとしても、ミシェル・オバマはあなたをフォローし返さないかもしれません（`@eveporcello`、`@moontahoe`）。

図2-20 Twitterの有向グラフ

Eveの友人関係に注目すると、彼女は木の根になります。彼女は友人とつながっています。彼女の友人はさらにその友人とつながっていて、それを部分木として表現できます（**図2-21**）。

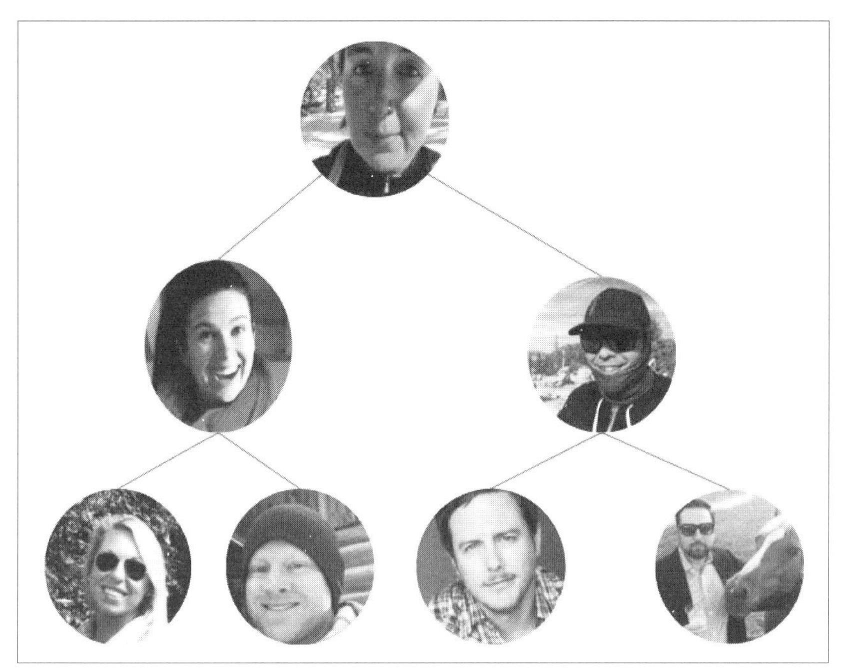

図2-21　友人関係の木

すべてのユーザーのFacebookのグラフに同じことが言えます。あるユーザーを起点にした友人関係を含めたデータをリクエストすると、そのリクエストは木のような構造になります。指定したユーザーが根で、そのユーザーに紐づくすべてのデータが子になります。このリクエストでは、ユーザーはすべての友人とエッジで接続されています。

- person
  — name
  — location
  — birthday
  — friends
    * friend name
    * friend location
    * friend birthday

この構造はGraphQLのクエリに似通っています。

```
{
  me {
    name
    location
    birthday
    friends {
      name
      location
      birthday
    }
  }
}
```

GraphQLは、複雑なグラフのデータから必要なデータだけを取得できるようにすることを目的としています。次の章では、GraphQLのクエリがどのように動作し、型システムでバリデートされるのかについて解説します。

3章
GraphQLの問い合わせ言語

GraphQLが公開される45年前、当時IBMの社員だったエドガー・F・コッドは「A Relational Model of Data for Large Shared Databanks（大規模共有データバンクのデータ関係モデル）」（http://bit.ly/2Ms7jxn）という短い論文を発表しました（タイトルは長いですね）。この論文は、ある非常に有用な考え方について述べています。データを表（テーブル）の形で保存し、操作するという考え方です。この論文の発表から間もなく、IBMはリレーショナルデータベースを開発しました。そして、データベースを操作するためのクエリ言語として、SEQUEL（**Structured English Query Language**）が誕生しました。今では**SQL**としてよく知られている言語の原型となったものです。

SQL（Structured Query Language）はデータベースに格納されているデータにアクセスしたり、管理したり、操作したりするのに利用するドメイン固有言語です。SQLによって、私たちは単一のコマンドで多数のデータにアクセスできるようになりました。また、IDだけではなく任意の項目をキーとして使い、欲しいデータにアクセスすることもできます。

SQLで使えるコマンドは非常に簡素で、SELECT、INSERT、UPDATE、DELETEの4つです。SQLを使ってできることはこれだけです。データベース上の複数のテーブルにまたがったデータであっても、単一のSQLコマンドで取得できます。

データに対してSELECT、INSERT、UPDATE、DELETEの4つの操作のみを行うという考え方は、Representational State Transfer（REST）にも受け継がれました。RESTでは、基本的にGET、POST、PUT、DELETEという4つのHTTPメソッドを使用します。ただし、RESTでは操作対象のデータをクエリ言語ではなく、URLのエンドポイントによって指定します。

GraphQLは、データベースに問い合わせるために開発されたSQLの考え方をインターネットに適用したものです。単一のGraphQLのクエリを使い、関連するデータをまとめて取得できます。もちろん、データを変更したり削除したりすることもできます。

SQLとGraphQLは問い合わせ言語（Query Language）という点で共通しています。

ただ、どちらも問い合わせ言語ではあるものの、GraphQLとSQLはまったく異なるものです。まず、それぞれ使われる環境が異なります。SQLのクエリはデータベースに対して実行されます。GraphQLのクエリはAPIに対して実行されます。SQLで問い合わせるデータはデータベース上のテーブルに格納されています。GraphQLで問い合わせるデータはさまざまな場所——データベース上、複数のデータベース上、ファイルシステム上、REST API上、WebSocket上、あるいは別のGraphQL API上——に格納されています。SQLはデータベースのための問い合わせ言語で、GraphQLはインターネットのための問い合わせ言語なのです。

GraphQLとSQLは構文も違います。SQLのSELECTの代わりにGraphQLではQueryをデータの取得に使います。QueryはGraphQLにとって非常に大切です。INSERT、UPDATE、DELETEの3つのコマンドのに代わりに、GraphQLではMutationという単一のコマンドを使用します。さらに、GraphQLはインターネットのための問い合わせ言語なので、ソケット通信を使ってデータの変更を監視するためのコマンドも用意されています。このコマンドはSubscriptionと呼ばれます。SQLにはSubscriptionのようなコマンドはありません。このように、SQLとGraphQLはまったく違いますが、問い合わせ言語（QL）という同じ「名字」を持っています。まったく似ていない祖父母と孫のようなものです。

GraphQLは仕様によって標準化されています。どのような言語を使っていてもGraphQLのクエリはGraphQLのクエリです。使用する言語がJavaScriptでも、Javaでも、Haskellでも、GraphQLのクエリは同じような文字列です。

クエリはただの文字列なので、HTTP POSTリクエストのボディに詰め込んで送信できます。以下に、文字列として書かれたGraphQLのクエリを示します。

```
{
  allLifts {
    name
  }
}
```

curlを使って、このクエリをGraphQLのエンドポイントへ送信できます。

```
curl  'http://snowtooth.herokuapp.com/' \
  -H 'Content-Type: application/json' \
  --data '{"query":"{ allLifts { name }}"}'
```

送信したクエリがGraphQLサーバーのスキーマにのっとったものであれば、JSON

レスポンスをターミナルで受け取れるはずです。レスポンスのJSONは`data`フィールドにリクエストしたデータを持っています。リクエスト時に何らかのエラーが発生していれば、代わりに`error`フィールドにエラー内容が格納されたレスポンスを受け取ることになります。1回のリクエストにつき、得られるレスポンスはひとつです。

データに変更を加えたい場合は**`mutation`**を送信します。ミューテーションはクエリと似ているところも多いですが、アプリケーションの状態に変更を加えるという点で異なります。以下の例のように、ミューテーションを送信するとデータに直接変更を加えられます。

```
mutation {
  setLiftStatus(id: "panorama" status: OPEN) {
    name
    status
  }
}
```

このミューテーションは、`id`が`panorama`であるデータのリフトのステータスを`OPEN`に変更するためのものです。再び`curl`でリクエストを送ってみましょう。

```
curl 'http://snowtooth.herokuapp.com/' \
  -H 'Content-Type: application/json' \
  --data '{"query":"mutation {setLiftStatus(id: \"panorama\" status:
OPEN) {name status}}"}'
```

クエリやミューテーションに変数を使用する便利な方法もありますが、それについては後ほど説明します。この章ではGraphQLを使用してクエリやミューテーション、サブスクリプションを構築する方法について説明します。

3.1 GraphQL APIの便利なツール

GraphQLのコミュニティによって、GraphQLのAPIを簡単に実行するためのツールがオープンソースで開発されています。これらのツールを使うと、GraphQLのクエリを書き、GraphQLのエンドポイントに向けてクエリを送信し、受け取ったJSONレスポンスを解析することが簡単にできるようになります。次節では、GraphiQLとGraphQL Playgroundという2つの著名なツールを紹介します。

3.1.1 GraphiQL

GraphiQL（https://github.com/graphql/graphiql、https://electronjs.org/apps/

graphiql）はFacebookが開発したブラウザ上で利用できるGraphQL APIのための統合開発環境です。GraphiQLはシンタックスハイライトや入力補完、構文エラーの表示といった機能が利用でき、クエリの実行結果をブラウザ上で直接確認できます。多くの公開APIが、実際にクエリを実行できるGraphiQLのインターフェースを提供しています。

GraphiQLのユーザーインターフェースはとてもシンプルです。**図3-1**のように、クエリを書くためのパネルと、クエリを実行するボタン、そしてクエリの実行結果を表示するパネルがあります。

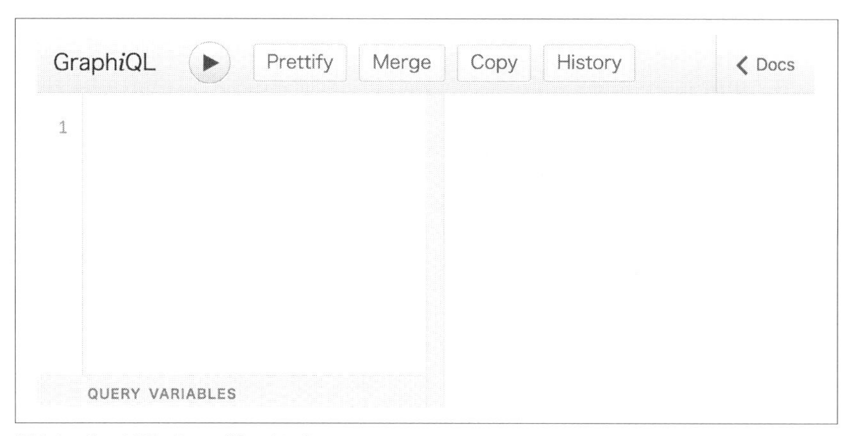

図3-1　GraphiQLのユーザーインターフェース

問い合わせはまずGraphQLクエリ言語で書かれたテキストで始まります。このテキストは**クエリドキュメント**と呼ばれます。クエリテキストは左側のパネルに入力します。GraphQLのドキュメントには`Query`、`Mutation`、`Subscription`といった**オペレーション**が定義されています。**図3-2**では`Query`のオペレーションが入力されています。

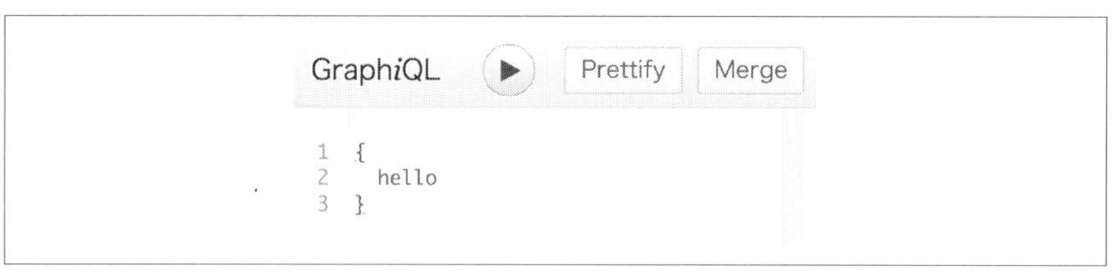

図3-2　GraphiQLのクエリ

実行ボタン（右向き三角のボタン）をクリックするとクエリが実行されます。その後

JSONフォーマットのレスポンスが右側のパネルに表示されます（**図3-3**）。

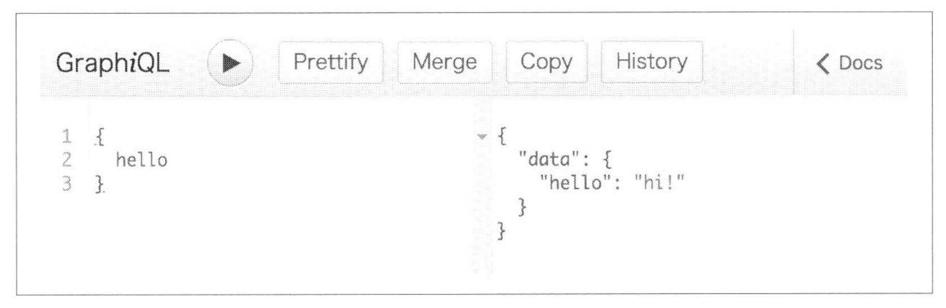

図3-3　GraphiQL

図3-3の右上にあるボタンをクリックすると、ドキュメントウィンドウが表示されます。ドキュメントには、APIのリクエストを作成するために必要な情報がすべて記載されています。また、このドキュメントはGraphiQLがAPIのスキーマから自動的に生成します。スキーマにはサービスで利用できるデータが定義されています。GraphiQLはこのスキーマに対してイントロスペクションクエリを発行して自動的にドキュメントを構築します。Documentation Explorerのドキュメントは**図3-4**のようにいつでも確認できます。

図3-4　GraphiQLのDocumentation Explorerパネル

提供されているGraphQLサービスの中には、別途GraphiQLがホスティングされていることもたびたびあります。そういったサービスでGraphiQLを試してみることもあるでしょう。もし、GraphQLのサービスを作るなら、ユーザーが試してみることができるように公開用データとともにGraphiQLのインターフェースも提供するとよいでしょう。あるいは、ダウンロードできるスタンドアローンなGraphiQLのソフトウェアを用意しておくのもよいでしょう。

3.1.2 GraphQL Playground

もうひとつのツールはGraphQL Playgroundです。GraphQL PlaygroundはPrismaチームによって開発されたもので、GraphiQLにいくつかの面白い機能を追加したものです。GraphQL Playgroundを試してみる最も簡単な方法は、https://www.graphqlbin.comにアクセスしてみることです。エンドポイントを入力するだけでGraphQL Playgroundを利用できます。

GraphQL PlaygroundはGraphiQLとよく似ていますが、GraphiQLにはない、いくつかの便利な機能が追加されています。最も重要な機能は、**図3-5**のようにHTTPヘッダーを自由に書き換えられることです（この話は認証の話題を交えて「5章 GraphQLサーバーの実装」でより詳しく説明します）。

図3-5 GraphQL Playground

GraphQL Binも便利なコラボレーションツールです。**図3-6**のように、GraphQLの実行環境を共有できます。

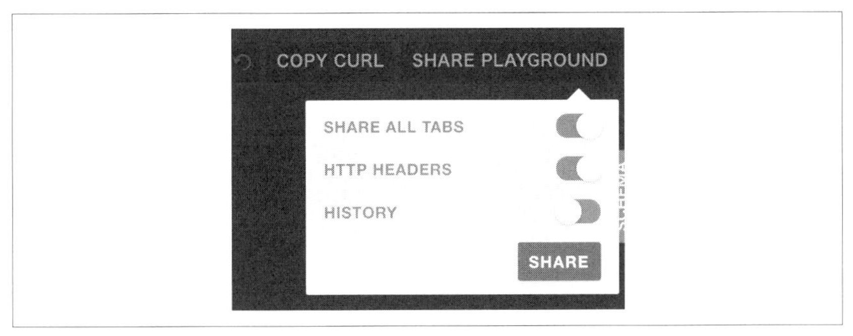

図3-6 共有用URL

GraphQL Playgroundにはデスクトップ版もあります。Homebrewでインストールできます。

```
brew cask install graphql-playground
```

Webサイト（http://bit.ly/graphql-pg-releases）から直接ダウンロードすることもできます。

GraphQL Playgroundをインストールするか、GraphQL Binで共有されたURLにアクセスすれば、すぐにGraphQLのクエリを送ってみることができます。まずはAPIのエンドポイントをコピー&ペーストして実行してみるのがよいでしょう。エンドポイントは公開APIでもローカルホストで動作している自分のプロジェクトのものでもかまいません。

3.1.3 公開GraphQL API

GraphQLを始めるのに最も良い方法は、公開APIに対してクエリを送信してみることです。数々の企業や組織がGraphiQLインターフェースを公開しており、気軽に試すことができます。

SWAPI（スターウォーズAPI、http://graphql.org/swapi-graphql）

SWAPI REST APIをラップして作られたFacebook製の公開GraphQL APIです。

GitHub API（https://developer.github.com/v4/explorer/）

最も大きい公開GraphQL APIのひとつです。GitHub GraphQL APIでは、クエリとミューテーションを実行して、GitHubの実際のデータの閲覧や更新ができます。データを操作するにはGitHubアカウントでサインインしておく必要があります。

Yelp (https://www.yelp.com/developers/graphiql)

YelpもGraphQLのAPIを公開していて、GraphiQLを使ってクエリの作成・実行ができます。Yelpの開発者アカウントが必要です。

このほかにも**多くのGraphQL API** (https://github.com/APIs-guru/graphql-apis) が公開されています。

3.2 GraphQLのクエリ

本章では、スノートゥース山という架空のスキー場で働いているという設定で、GraphQLのクエリについて考えてみます。スノートゥース山のWeb開発チームはGraphQLを使ってリフトやトレイルの情報をリアルタイムで提供しています。スノートゥース山の警備員は、スマートフォンからリフトやトレイルの稼働状況を操作できます。この章のクエリを試すには、スノートゥースのGraphQL Playgroundを使ってみてください (http://snowtooth.moonhighway.com)。

このサービスでは**query**オペレーションを使用し、APIからデータを取得できます。GraphQLサーバーから取得したいデータをクエリで指定します。取得したいデータは**field**で指定します。サーバーから送られてくるデータの形式は、**query**で指定したフィールドと同一のものになります。例えば、`name`フィールドと`status`フィールドを指定して`allLifts`のクエリを送信すると、`allLifts`のリストがJSONの形で返ってきます。リストのそれぞれの要素には各リフトの`name`および`status`の値が格納されています。

```
query {
  allLifts {
    name
    status
  }
}
```

エラーハンドリングについて

クエリの実行に成功すると、`data`というキーが含まれたJSONレスポンスが返ってきます。失敗した場合は`errors`というキーが含まれています。何か問題が起きた場合、詳細はすべて`errors`キー配下に記録されていています。JSONレスポンスはdataとerrorsの両方のキーを含みうるということを覚えておきましょう。

クエリドキュメントには複数のクエリを書くこともできます。ただし、実際に実行できるオペレーションは一度にひとつだけです。以下のように、クエリドキュメントに2つのクエリを書いてみるとどうなるでしょうか。

```
query lifts {
  allLifts {
    name
    status
  }
}

query trails {
  allTrails {
    name
    difficulty
  }
}
```

GraphQL PlaygroundのPlayボタンを押すと、2つのオペレーションからひとつを選択するよう迫られます。1回のリクエストでこれら両方のデータが欲しい場合、ひとつのクエリの形で書く必要があります。

```
query liftsAndTrails {
  liftCount(status: OPEN)
  allLifts {
    name
    status
  }
  allTrails {
    name
    difficulty
  }
}
```

GraphQLの利点がはっきりと理解してもらえるでしょう。ひとつのクエリであらゆる種類のデータを受け取ることができるのです。liftCountのクエリでは、指定したstatusのリフト数を取得できます。また、すべてのリフトのnameとstatusを取得できます。そして、すべてのトレイルのnameとstatusまでひとつのクエリで取得できます。

`Query`はGraphQLの型のひとつで、**ルート型**です。ルート型はオペレーションに対応するGraphQLの型で、入れ子になっているクエリドキュメントの一番上位には必ずルート型が指定されています。GraphQL APIでクエリできるフィールドはAPIのスキーマで定義されています。ドキュメントに、それぞれのクエリで指定できるフィールドが記載されています。

今回の例では、`liftCount`、`allLifts`、`allTrails`というフィールドを指定しましたが、それ以外にも指定できるフィールドが定義されています。重要なことは、フィールドは必要に応じて選択したり、省略したりできることです。

クエリを作成するときは、必要なフィールドを波括弧で囲んで指定します。波括弧で囲まれたブロックは**選択セット**と呼ばれます。選択セットで指定できるフィールドはGraphQLの型に基づきます。`liftCount`、`allLifts`、`allTrails`の3つのフィールドは`Query`型のフィールドとして定義されています。

選択セットは入れ子にできます。例えば、`allLifts`のフィールドは`Lift`型のリストを返すと定義されており、さらに波括弧を加えて選択セットを入れ子にすることができます。この選択セットでは、リフトに関するすべてのデータを選択して指定できます。先の例ではリフトの情報のうち`name`と`status`だけを要求しました。同様に、`allTrails`フィールドは`Trail`型のリストを返します。

JSONレスポンスには、クエリで要求したすべてのデータが含まれています。データはJSONフォーマットで整形されており、Queryと同じ形になっています。それぞれのJSONのフィールド名は選択セットで指定したフィールド名と同じ名前になっています。以下の例のようにエイリアスを指定することで、JSONレスポンスのフィールド名を任意のものに置き換えることもできます。

```
query liftsAndTrails {
  open: liftCount(status: OPEN)
  chairlifts: allLifts {
    liftName: name
    status
  }
  skiSlopes: allTrails {
    name
    difficulty
  }
}
```

レスポンスは次のようになります。

```
{
  "data": {
    "open": 5,
    "chairlifts": [
      {
        "liftName": "Astra Express",
        "status": "CLOSED"
      },
      ......
    ],
    "skiSlopes": [
      {
        "name": "Blue Bird",
        "difficulty": "intermediate"
      },
      ......
    ]
  }
}
```

クエリと同じ形で、フィールド名を変更したデータを受け取ることができました。また、GraphQLのクエリで結果をフィルタリングしたい場合は**クエリ引数**を利用します。引数はクエリのフィールドに関連するキーと値の組み合わせで表現できます。`status`が`CLOSED`のリフトを取得したいとすれば、以下のようにクエリを作成できます。

```
query closedLifts {
    allLifts(status: CLOSED) {
      name
      status
    }
}
```

選択セットにも引数を使用できます。例えば、特定のリフトの稼働状況が知りたいとしましょう。その場合はユニークなIDを使用して特定のリフトを指定できます。

```
query jazzCatStatus {
    Lift(id: "jazz-cat") {
      name
      status
      night
      elevationGain
```

```
    }
  }
```

このようにすれば、「Jazz Cat」というリフトの`name`、`status`、`night`、`elevationGain`についてのデータを取得できます。

3.2.1 エッジと接続

GraphQLには**スカラー型**と**オブジェクト型**が存在します。スカラー型はプログラミング言語でお馴染みのプリミティブ型に近い概念で、選択セットに対しては葉の要素にあたります。GraphQLでは5つのスカラー型が用意されています。整数型(`Int`)、浮動小数点数型(`Float`)、文字列型(`String`)、論理型(`Boolean`)、ID型(`ID`)です。整数型と浮動小数点数型はJSONではnumberで表現されます。同様に文字列型とID型はstringで表現されます。論理型はそのまま論理型で表現されます。`ID`と`String`はJSONとしては等しくstringを返しますが、`ID`はGraphQLの仕様上ユニークでなければならない点で`String`と差別化されています。

GraphQLのオブジェクト型は、ひとつ以上のスキーマで定義されているフィールドの集合で、返されるJSONオブジェクトの形を規定します。JSONはフィールドの配下にオブジェクトを無制限に入れ子にできますが、GraphQLも同様です。入れ子にすることで、関連付けられたオブジェクトの詳細データを得るためのクエリを作ることができます。

以下の例では、特定のリフトがアクセスできるトレイルのリストを取得しています。

```
query trailsAccessedByJazzCat {
  Lift(id:"jazz-cat") {
    capacity
    trailAccess {
      name
      difficulty
    }
  }
}
```

上のクエリは、「Jazz Cat」のリフトに関するデータを取得するためのものです。選択セットに`capacity`フィールドが含まれています。`capacity`は整数型のフィールドで、リフトに乗ることができる最大の人数を表しています。`trailAccess`フィールドはオブジェクト型の`Trail`型です。この例では、`trailAccess`に「Jazz Cat」がアクセスすることができるトレイルのリストが格納されています。`trailAccess`は`Lift`型の中のフィールドなので、「Jazz Cat」のLiftがアクセスできるトレイルのリストだけが含まれています。

このクエリの例ではリフトとトレイルという2つのデータに対する**一対多の接続**を表現しています。ひとつのリフトに関係する複数のトレイルのデータが接続されているということです。グラフで考えると、Liftノードから走査を開始して、trailAccessというエッジを介してひとつ以上のTrailノードと接続されているととらえることができます。このグラフは無向グラフであると考えられるので、Trailノードを起点にしてLiftノードを操作することも可能です。

```
query liftToAccessTrail {
    Trail(id:"dance-fight") {
        groomed
        accessedByLifts {
            name
            capacity
        }
    }
}
```

このliftToAccessTrailのクエリでは、「Dance Fight」という名前のTrailを指定しています。groomedというフィールドは、「Dance Fight」が整備されている(groomed)かどうかを論理型で返します。accessedByLiftsフィールドは、「Dance Fight」へ向かうリフトのリストを返します。

3.2.2 フラグメント

GraphQLのクエリドキュメントには、オペレーションのほかに**フラグメント**を書くことができます。フラグメントは複数の場所で使いまわすことができる選択セットです。以下のクエリを見てみましょう。

```
query {
  Lift(id: "jazz-cat") {
    name
    status
    capacity
    night
    elevationGain
    trailAccess {
      name
      difficulty
```

```
      }
    }
    Trail(id: "river-run") {
      name
      difficulty
      accessedByLifts {
        name
        status
        capacity
        night
        elevationGain
      }
    }
  }
```

このクエリでは「Jazz Cat」リフトと「River Run」トレイルの情報を要求しています。「Jazz Cat」リフトについて、選択セットで`name`、`status`、`capacity`、`night`そして`elevationGain`の5つのフィールドを指定しています。そして、「River Run」トレイル中の`accessedByLifts`フィールドも`Lift`型で、先ほどと同じ5つの選択セットを指定しています。フラグメントを使うと、こういった冗長な書き方を改善できます。

```
fragment liftInfo on Lift {
  name
  status
  capacity
  night
  elevationGain
}
```

フラグメントは`fragment`という識別子を使って作成します。フラグメントは特定の型に対応する選択セットであり、対応する型を必ず書いておきます。上記の例は、`List`型のフラグメントであり、`liftInfo`という名前を付けています。

`liftInfo`フラグメントを利用して選択セットを作成したい場合は、以下のようにフラグメント名に3つのドットを付けます。

```
query {
  Lift(id: "jazz-cat") {
    ...liftInfo
    trailAccess {
      name
      difficulty
```

```
      }
    }
    Trail(id: "river-run") {
      name
      difficulty
      accessedByLifts {
        ...liftInfo
      }
    }
  }
```

この構文はJavaScriptのスプレッド演算子によく似ています。スプレッド演算子も、既存のオブジェクトに対していくつかのキーを追加したオブジェクトを作成するという同様の目的で使用します。3つのドットを頭に付けるとフラグメントに含まれるすべてのフィールドを選択セットに記述するのと同等の状態になります。上記の例ではname、status、capacity、nightそしてelevationGainという5つのフィールドの指定をフラグメントを使って簡潔に記述しています。

注意してほしいのはliftInfoにはTrail型のフィールドを追加することはできないということです。理由は簡単で、liftInfoはLift型のフラグメントだからです。Trail型のフラグメントを作成したい場合は別のフラグメントを作成しましょう。

```
query {
  Lift(id: "jazz-cat") {
    ...liftInfo
    trailAccess {
      ...trailInfo
    }
  }
  Trail(id: "river-run") {
    ...trailInfo
    groomed
    trees
    night
  }
}

fragment trailInfo on Trail {
  name
  difficulty
  accessedByLifts {
    ...liftInfo
```

```
  }
}

fragment liftInfo on Lift {
  name
  status
  capacity
  night
  elevationGain
}
```

この例では、新しくtrailInfoというフラグメントを作成しています。trailInfoはクエリ内の2ヶ所で使用されています。さらに、trailInfoのaccessedByLiftsフィールドを見るとliftInfoフラグメントが含まれています。フラグメントは必要なだけ作ることができ、フラグメントの中でフラグメントを呼び出すこともできます。「River Run」トレイルのクエリの選択セットを確認してみましょう。複数のフラグメントを組み合わせて選択セットを構築していることがわかります。また、次の例のようにひとつの選択セットから複数のフラグメントを呼び出すこともできます。

```
query {
  allTrails {
    ...trailStatus
    ...trailDetails
  }
}

fragment trailStatus on Trail {
  name
  status
}

fragment trailDetails on Trail {
  groomed
  trees
  night
}
```

フラグメントを使用する利点は、さまざまなクエリで使用されている複数の選択セットに対する変更がひとつのフラグメントの修正で済むことです。

```
fragment liftInfo on Lift {
```

```
    name
    status
  }
```

このようにlistInfoフラグメントを編集すれば、このフラグメントを使用するすべての箇所に変更が適用されます。

3.2.2.1 ユニオン型

オブジェクトのリストを取得する方法はすでに説明しましたが、単一の型のオブジェクトのリストを取得する方法のみでした。複数の型のオブジェクトを含みうるリストが欲しいとしたらどうでしょうか。GraphQLでは2つの異なるオブジェクト型をまとめる**ユニオン型**を定義できます。

大学生向けのスケジュール管理アプリケーションを作っているとしましょう。学生にはWorkoutとStudyGroupという2種類の予定があるとします。この例で示すGraphQLクエリはこちらhttps://graphqlbin.com/v2/ANgjtrで試すことができます。

GraphQL PlaygroundのドキュメントをAgendaItemがユニオン型であることがわかります。これは、複数の型を返しうることを意味します。具体的に言えば、AgendaItemはWorkout型かStudyGroup型のいずれかを返すということです。どちらも大学生の予定であることには違いがありません。

学生の予定を取得するクエリを作成するとき、フラグメントを使ってAgendaItemがWorkoutだった場合とStudygroupだった場合の両方のケースの選択セットを記述できます。

```
query schedule {
  agenda {
    ...on Workout {
      name
      reps
    }
    ...on StudyGroup {
      name
      subject
      students
    }
  }
}
```

レスポンスは次のようになります。

```
{
  "data": {
    "agenda": [
      {
        "name": "Comp Sci",
        "subject": "Computer Science",
        "students": 12
      },
      {
        "name": "Cardio",
        "reps": 100
      },
      {
        "name": "Poets",
        "subject": "English 101",
        "students": 3
      },
      {
        "name": "Math Whiz",
        "subject": "Mathematics",
        "students": 12
      },
      {
        "name": "Upper Body",
        "reps": 10
      },
      {
        "name": "Lower Body",
        "reps": 20
      }
    ]
  }
}
```

この例では**インラインフラグメント**という、名前を持たないフラグメントを使っています。これは、クエリ内の選択セットの特定の型に対して直接記述します。インラインフラグメントを使用することで、ユニオン型の複数の型に対してそれぞれフィールドを指定できます。上の例では、それぞれの`AgendaItem`に対してそれが`Workout`であれば`names`と`reps`を、`StudyGroup`であれば`name`と`subject`、`student`を返します。agendaクエリのJSONレスポンスではこれらの異なる2つの型のオブジェクトがひとつの配列として返ってきます。

もちろん、以下のようにユニオン型で名前付きのフラグメントを使用することもできます。

```
query today {
  agenda {
    ...workout
    ...study
  }
}

fragment workout on Workout {
  name
  reps
}

fragment study on StudyGroup {
  name
  subject
  students
}
```

3.2.2.2 インターフェース

インターフェースは複数のオブジェクト型を扱うためのもうひとつの選択肢です。インターフェースは類似したオブジェクト型が実装すべきフィールドのリストを指定する抽象型です。つまり、インターフェースをもとに何らかの型を実装するときは、インターフェースに定義されているすべてのフィールドを含んでいる必要があります。その上で、0個以上の任意のフィールドを含むことができます。この例はこちらのGraphQL Binで試すことができます（https://graphqlbin.com/v2/yoyPfz）。

ドキュメントで`agenda`フィールドについて確認すると、`ScheduleItem`インターフェースを返すことがわかります。このインターフェースには`name`と`start`と`end`が定義されています。`ScheduleItem`インターフェースを実装するオブジェクト型は必ずこの3つのフィールドを含んでいます。

ドキュメントにはインターフェースの実装として、`StudyGroup`型と`Workout`型が定義されています。そして、これらの型にはきちんと`name`と`start`と`end`が定義されています。

```
query schedule {
  agenda {
```

```
      name
      start
      end
    }
  }
```

scheduleクエリはagendaフィールドが複数の型を返しうることを気にしていません。今回は、この学生がいつ、どこにいるべきかというスケジュールを作成するため、予定の名前、開始、終了時刻のみわかればよいのです。クエリにおいては、ScheduleItemインターフェースに含まれるnameとstartとendだけを指定しているので、いずれの型が返されても特に問題はありません。

インターフェースを使う際、クエリにさらにフラグメントを書き加えることもできます。戻り値が特定のオブジェクト型だった場合に、追加のフィールドの情報を取得できるように指定しておくことができます。

```
query schedule {
  agenda {
    name
    start
    end
    ...on Workout {
      reps
    }
  }
}
```

このscheduleクエリではScheduleItemがWorkout型であった場合にだけ、追加でrepsフィールドを返すように指定しています。

3.3 ミューテーション

これまで、データの読み込みについてたくさんのことを学びました。クエリはGraphQLにおけるすべての読み込み操作を担当します。一方、書き込み操作は**ミューテーション**が担当します。ミューテーションはクエリのように書くことができます。名前があり、選択セットを指定できます。ミューテーションがクエリと異なるのは、バックエンドのデータに対して何らかの変更を加える点です。

危険なミューテーションの実装例を見てみましょう。

```
mutation burnItDown {
  deleteAllData
```

```
}
```

Mutationはルート型です。選択できるフィールドもAPIスキーマで定義されています。上の例では、論理型を返すdeleteAllDataというフィールドを指定するとバックエンドのすべてのデータが削除されるように実装されています。このミューテーションが無事すべてのデータを削除するとtrueが返され、削除の過程で何らかの問題に行き当たるとfalseが返されます。データを実際に削除するかどうかはAPIの実装によって異なります。これについては「5章 GraphQLサーバーの実装」で取り上げます。

別のミューテーションのことを考えましょう。何かを破壊するのではなく創造してみます。

```
mutation createSong {
  addSong(title: "No Scrubs", numberOne: true, performerName: "TLC") {
    id
    title
    numberOne
  }
}
```

この例では新しい曲を登録できます。ミューテーションの引数としてtitle、numberOne、performerNameという3つの変数を指定します。ミューテーションのレスポンスにオブジェクトが設定されている場合は、必要なフィールドを指定するための選択セットを書いておく必要があります。この例ではミューテーションが完了すると、作成されたばかりの曲の詳細な情報を含むSong型が返されます。その中からid、titleそしてnumberOneという3つのフィールドをミューテーション後に受け取るように指定しました。

```
{
  "data": {
    "addSong": {
      "id": "5aca534f4bb1de07cb6d73ae",
      "title": "No Scrubs",
      "numberOne": true
    }
  }
}
```

先ほどのミューテーションのレスポンスはこのようになります。ミューテーションの途中で何か問題が起こった場合は、Songオブジェクトの代わりにエラーに関する情報が返されます。

ミューテーションではすでに存在するデータに変更を加えることもできます。スノートゥースのリフトの稼働状況を変更したい場合は、以下のようなクエリを書くことで実現できます。

```
mutation closeLift {
  setLiftStatus(id: "jazz-cat" status: CLOSED) {
    name
    status
  }
}
```

このミューテーションによって、「Jazz Cat」リフトのステータスをオープンからクローズドに変更できます。このミューテーションが成功すると、ステータスがクローズドに変更された「Jazz Cat」リフトの`name`と`status`を戻り値として受け取ります。

3.3.1 クエリ変数

ミューテーションの引数に文字列を指定して送信することで、データを書き換えることができました。今度は文字列の代わりに**変数**を使ってみましょう。変数を使用するとクエリ内の静的な値を置き換えて動的な値を渡すことができます。`addSong`ミューテーションの例で考えてみましょう。文字列の代わりに変数名を使用します。GraphQLでは、変数名の頭に`$`が付きます。

```
mutation createSong($title:String! $numberOne:Int $by:String!) {
  addSong(title:$title, numberOne:$numberOne, performerName:$by) {
    id
    title
    numberOne
  }
}
```

文字列が`$`で始まる変数に置き換わっています。そして、変数はこのミューテーションで正常に受理されます。引数がそれぞれ異なる名前の変数に置き換わっています。GraphiQLやPlaygroundにはクエリ変数というウィンドウが用意されています。ここでそれぞれの変数に値を設定できます。JSONのキーに使用する変数名を間違えないように気をつけてください。

```
{
  "title": "No Scrubs",
```

```
    "numberOne": true,
    "by": "TLC"
  }
```

引数を持つデータを送信する場合に変数はとても便利です。ミューテーションを試しやすくなることはもちろん、クライアントのインターフェースとして使用する上でも多くの利点があります。

3.4 サブスクリプション

GraphQLの3つ目のオペレーションはサブスクリプションです。サーバーが更新されるたびに、クライアントでその情報をリアルタイムに受け取りたい場合があります。サブスクリプションを使うと、GraphQLサーバーからリアルタイムにデータの更新情報を受け取ることができます。

GraphQLのサブスクリプションは、Facebookでの実際のユースケースから生まれました。Facebookの開発チームは、投稿に対する「いいね」の数をページ更新なしでリアルタイムに取得する機能を実装しました。このいいねのリアルタイム取得はサブスクリプションによって実現されています。すべてのクライアントがいいねのイベントをサブスクリプションしていて、いいねを受け取るとリアルタイムで表示を更新します。

ミューテーションやクエリと同様、サブスクリプションもルート型です。APIスキーマにおいて、`subscription`型の配下に定義されているフィールドをサブスクリプションすることができます。サブスクリプションのためのクエリは、他のオペレーションのためのクエリと似ています。

スノートゥース（http://snowtooth.moonhighway.com）を題材とし、リフトのステータスの変化をサブスクリプションで受け取ってみましょう。

```
subscription {
  liftStatusChange {
    name
    capacity
    status
  }
}
```

このサブスクリプションを実行すると、リフトの状態が変化したことの通知をWebSocketを通じて受け取ることができるようになります。GraphQL Playgroundで再生ボタンをクリックしても即座にデータが返ってくるわけではありません。サーバーにサブスクリプションをリクエストすると、データの変更を監視するようになります。

サブスクリプションが動作していることを確認するためには、データを変更する必要があります。早速ミューテーションでデータを変更してみましょう。一旦サブスクリプションを開始すると一切の操作ができなくなります。GraphiQLの場合は、新しくブラウザのタブを開いて実行しましょう。GraphQL Playgroundの場合、インターフェース内で新しいタブを開いて実行できます。

新しいタブでリフトのステータスを変更するミューテーションを送ります。

```
mutation closeLift {
  setLiftStatus(id: "astra-express" status: HOLD) {
    name
    status
  }
}
```

このミューテーションを実行すると、「Astra Express」リフトのステータスが変更されます。データが変更されると、「Astra Express」リフトの`name`、`capacity`、`status`の情報が、サブスクリプションを実行しているクライアントに向けてプッシュされるはずです。

2つ目のリフトのステータスを変更してみましょう。「Whirlybird」リフトのステータスをクローズドに設定してみてください。この変更についても、サブスクリプションを実行しているクライアントに向けてプッシュされているはずです。GraphQL Playgroundではプッシュされたデータに加え、データがプッシュされた時間も表示されます。

クエリやミューテーションと違って、サブスクリプションは何もしなければサブスクリプションを続けます。リフトに関するステータスの変更のたびにデータがプッシュされてきます。ステータスの変更に関する監視を停止するためには、サブスクリプションを停止する必要があります。GraphQL Playgroundでは、停止ボタンを押すだけでサブスクリプションを停止できます。残念ながら、GraphiQLの場合はブラウザのタブを閉じないとサブスクリプションを停止することができません。

3.5 イントロスペクション

GraphQLの強力な機能のひとつが**イントロスペクション**です。イントロスペクションはAPIスキーマの詳細を取得できる機能です。GraphiQLやGraphQL Playgroundで確認できる充実したGraphQLのドキュメントも、イントロスペクションを利用して実現されています。

あらゆるGraphQL APIがAPIスキーマを返す機能を備えています。スノートゥースのAPIからもAPIスキーマを取得できます。以下のようにクエリで`__schema`を指定することでスキーマを取得できます。

```
query {
  __schema {
    types {
      name
      description
    }
  }
}
```

このクエリを実行するとルート型、カスタム型、スカラー型など、APIで使用できるすべての型を取得できます。特定の型の詳細が知りたいときは、`__type`を引数とともに指定してクエリを送ります。

```
query liftDetails {
  __type(name:"Lift") {
    name
    fields {
      name
      description
      type {
        name
      }
    }
  }
}
```

このイントロスペクションクエリによって、`Lift`型で指定できるすべてのフィールドを知ることができます。新たなGraphQL APIを扱う場合は、ルート型で指定できるフィールドについて確認してみるのがよいでしょう。

```
query roots {
  __schema {
    queryType {
      ...typeFields
    }
    mutationType {
      ...typeFields
    }
```

```
    subscriptionType {
      ...typeFields
    }
  }
}

fragment typeFields on __Type {
  name
  fields {
    name
  }
}
```

イントロスペクションクエリもGraphQLのクエリです。つまり、冗長なクエリはフラグメントを使ってきれいにすることができます。3つのルート型に対して名前とフィールドの名前を取得する場合、先ほどの例のように`typeFields`フラグメントを作成するのがよいでしょう。イントロスペクションによって、クライアントはAPIスキーマの情報を知ることができます。

3.6 抽象構文木

クエリドキュメントは文字列です。GraphQL APIにクエリを送信すると、文字列は**抽象構文木**にパースされ、オペレーションを実行する前にバリデーションが実施されます。抽象構文木（AST：Abstract Syntax Tree）はクエリを表す階層的なオブジェクトです。抽象構文木はGraphQLのクエリの詳細を表すネストされたフィールドを持っています。

まず、クエリ文字列は小さな断片にパースされます。このプロセスで、キーワード、引数、波括弧やコロンがパースされてそれぞれ独立したトークンに分解されます。このプロセスは一般に**字句解析**と呼ばれます。次に、字句解析されたクエリから抽象構文木を組み立てます。抽象構文木にすることで、問い合わせは動的な変更や検証が容易になります。

GraphQLの問い合わせについて考えてみましょう。問い合わせはひとつあるいは複数の**定義**を持っています。ここでいう定義は操作を定義する`OperationDefinition`か、フラグメントを定義する`FragmentDefinition`のいずれかです。以下に2つの操作とひとつのフラグメントが定義されたリクエストを例示します。

```
query jazzCatStatus {
  Lift(id: "jazz-cat") {
```

```
      name
      night
      elevationGain
      trailAccess {
        name
        difficulty
      }
    }
  }

  mutation closeLift($lift: ID!) {
    setLiftStatus(id: $lift, status: CLOSED ) {
      ...liftStatus
    }
  }

  fragment liftStatus on Lift {
    name
    status
  }
```

OperationDefinitionにはmutation、query、subscriptionの3つのオペレーション型のいずれかが含まれます。それぞれのOperationDefinitionにはOperationTypeとSelectionSetが記述されます。

それぞれのオペレーションの後ろには波括弧で選択セットが記述されています。この選択セットには引数を使用したクエリで実際に問い合わせされるフィールドの集合です。上の例では、jazzCatStatusクエリの選択セットにはLiftのフィールドが指定され、closeLiftミューテーションの選択セットにはsetLiftStatusのフィールドが指定されています。

選択セットは選択セットの中にネストされることがあります。jazzCatStatusクエリは3重にネストされた選択セットを持っています。最上位の選択セットにはLiftのフィールドが含まれます。Liftは選択セットで、name、night、elevationGain、そしてtrailAccessが指定されています。このうちtrailAccessはネストされた選択セットで、nameとdifficultyのフィールドが指定されています。

GraphQLはこの抽象構文木を走査することで、GraphQLの言語仕様とスキーマに対してバリデーションできます。構文が正しく、クエリに含まれるそれぞれのフィールドや型がスキーマと一致していれば、処理が実行されます。バリデーションで何らかのエラーが発生すると、処理は実行されません。

抽象構文木は文字列よりも変更が容易です。`jazzCatStatus`クエリにステータスがオープンのリフトの数を追加したいときは、抽象構文木を直接修正するだけで済みます。必要なのはクエリに新しい選択セットを追加することだけです。抽象構文木はGraphQLの核になる概念です。すべてのオペレーションは抽象構文木としてパースされた上で、バリデーションされ、実行されます。

この章では、GraphQLのクエリ言語について学びました。GraphQLのサービスに対して不自由なく問い合わせられるようになっているはずです。しかし、これらが可能なのは特定のGraphQLサービス上でどのようなオペレーションとフィールドが利用できるかが明確に定義されているからです。これらの定義は**GraphQLスキーマ**と呼ばれます。次の章ではGraphQLスキーマの作り方について解説します。

4章
スキーマの設計

GraphQLはデザインプロセスを変える存在です。APIはRESTのエンドポイントの集合ではなく、型の集合としてとらえられるようになります。この新しいAPIを作り始める前に、APIのデータ型を定義する方法について話さなければなりません。このデータ型の集合を**スキーマ**と呼びます。

スキーマファーストは設計の方法論です。スキーマファーストではアプリケーションを作成するチームメンバー全員がデータ型について理解しています。バックエンドの開発者は永続化し、リクエストに応じて返すべきデータ型を明確に理解しています。フロントエンドの開発者はユーザーインターフェースを組み立てるためにそれぞれのデータ型の定義を理解しています。スキーマファーストではすべてのチームメンバーがデータ型を共通言語にして開発にまつわるコミュニケーションを取ることができます。

型を簡単に定義できるように、GraphQLはスキーマを定義するための言語を用意しています。これは**スキーマ定義言語**（Schema Definition Language：SDL）と呼ばれます。GraphQL問い合わせ言語と同様に、GraphQL SDLもアプリケーションの構築に用いる言語やフレームワークに依存せずに使用できます。GraphQLのスキーマドキュメントはアプリケーションで使用できる型を定義するテキストのドキュメントで、クライアントとサーバーの両方で、GraphQLのリクエストをバリデーションするために使用します。

この章では、写真共有アプリケーションを例にGraphQLのSDLについて学んでいきます。

4.1 型定義

GraphQLの型とスキーマを学ぶ最適な方法は、実際にそれらを作ってみることです。写真共有アプリケーションはGitHubアカウントを使ってログインし、写真を投稿し、ユーザータグを付加できるサービスです。ユーザーと投稿の管理はすべてのWebアプリケーションに通じる基本的な機能です。

写真共有アプリケーションは`User`と`Photo`という2つの主要な型を持っています。早速アプリケーションのスキーマを設計していきましょう。

4.1.1 型

すべてのGraphQLスキーマの核になるのは型です。GraphQLにおいて、**型**は固有のオブジェクトで、アプリケーションの特性を反映します。例えば、ソーシャルメディアのアプリケーションはユーザーと投稿から構築されます。ブログであればカテゴリと記事から構築されます。型はアプリケーションが扱うデータを反映します。

Twitterをスクラッチから実装するとしたら`Post`には投稿する内容の実体としての`text`のフィールドが必要になるでしょう。そして、`Post`よりも`Tweet`のほうが型の名称として適切だと言えそうです。Snapchatを実装しているとしたら、`Post`に`image`のフィールドが含まれるでしょうし、`Snap`という型名にしたほうがよいでしょう。スキーマを定義することは開発チーム間で使われている共通の用語を定義することにほかなりません。

それぞれの型はデータに対応する**フィールド**を持ちます。そして、それぞれのフィールドが固有の型を持っています。これらの型は数値や文字列のようなかもしれませんし、固有の型かもしれませんし、型のリストであるかもしれません。

スキーマは型定義の集合です。スキーマはJavaScriptのファイルに文字列として記述することもできますし、テキストファイルに記述することもできます。スキーマのファイルの拡張子は慣習的に`.graphql`とされます。

早速GraphQLの型を定義していきましょう。まずは`Photo`です。

```
type Photo {
  id: ID!
  name: String!
  url: String!
  description: String
}
```

波括弧の間に`Photo`型が持つフィールドを定義しています。`Photo`の`url`は写真の画像ファイルのURLを保持しています。また、メタデータとしてnameとdescriptionのフィールドを持っています。そして、Photoデータにアクセスするためのidという固有の識別子を持っています。

それぞれのフィールドが固有の型のデータを持っています。ここではPhotoという型しか定義していませんが、GraphQLには組み込みでいくつかの型が定義されています。組み込みの型は**スカラー型**と呼ばれます。description、name、urlのフィールドはそれぞれStringというスカラー型で定義されています。String型はJSONの文字列として返します。エクスクラメーションマークはフィールドがnullにならないことを示しています。つまり、nameやurlのフィールドには必ず何らかの値が格納されています。一方でdescriptionフィールドにはエクスクラメーションマークが付いていないので、nullになる可能性があります。

idのフィールドはすべてのPhotoの固有の識別子を表しています。GraphQLのID型は固有の識別子を格納します。JSONとしては文字列が返されますが、Stringとは異なり値が重複しないことをバリデーションします。

4.1.2 スカラー型

GraphQLの組み込みのスカラー型（Int、Float、String、Boolean、ID）はとても便利ですが、時にはカスタムスカラー型を使用したくなることもあるでしょう。スカラー型はオブジェクト型とは違いフィールドを持ちません。しかし、カスタムスカラー型として定義しておけばGraphQLのサービスを実装するときにバリデーションを実装できます。

```
scalar DateTime

type Photo {
  id: ID!
  name: String!
  url: String!
  description: String
  created: DateTime!
}
```

上の例ではDatetimeというカスタムスカラー型を定義しています。これにより、createdフィールドで写真が作成された日時を知ることができるようになりました。Datetime型はJSONの文字列を返しますが、日時のデータとしてシリアライズできる正しいフォーマットになっているか常にバリデーションされます。

このように、バリデーションが必要な場合は自由にカスタムスカラー型を宣言できます。

graphql-custom-typesというnpmパッケージにはいくつかのよく使われるカスタムスカラー型が実装されているので、Node.jsでGraphQLサービスを実装するときは活用してください。

4.1.3 Enum

列挙型、あるいは**Enum**はあらかじめ定められた特定の文字列のひとつを返すスカラー型です。限られた選択肢のうちのひとつの値を返すようなフィールドを実装したいときにはenum型を使います。

例として、PhotoCategoryというenum型を定義してみましょう。PhotoCategoryは投稿した写真の種別をSELFIE、PORTRAIT、ACTION、LANDSCAPE、GRAPHICの5つの中から指定できます。

```
enum PhotoCategory {
  SELFIE
  PORTRAIT
  ACTION
  LANDSCAPE
  GRAPHIC
}
```

もちろん列挙型をフィールドに追加できます。Photoにcategoryフィールドを追加してみましょう。

```
type Photo {
  id: ID!
  name: String!
  url: String!
  description: String
  created: DateTime!
  category: PhotoCategory!
}
```

categoryフィールドを追加しました。サービスを実装するときには、categoryは定められた5つの値のみ返すことを保証しなければなりません。

実装する言語で列挙型がサポートされているかどうかを気にする必要はありません。好きな言語でGraphQLの列挙型のフィールドを実装できます。

4.2 コネクションとリスト

GraphQLのスキーマを作成するとき、フィールドにGraphQLの型のリストを指定することもできます。リストはGraphQLの型を角括弧で囲むことで表現されます。`[String]`は`String`型のリストを表しますし、`[PhotoCategory]`は`PhotoCategory`型のリストを表します。「3章 GraphQLの問い合わせ言語」で述べたように、ユニオン型やインターフェースを使用するとリストには複数の型を混在させることもできます。これらの概念についても本章でより詳しく説明します。

リストを定義するときのエクスクラメーションマークは少し複雑です。角括弧のあとにエクスクラメーションマークがある場合は、フィールドが`null`ではないことを指定します。それぞれの括弧の前にエクスクラメーションマークがある場合は、リストの中身が`null`でないことを指定します。どちらの場合も、エクスクラメーションマークがあるときは対応する値が`null`でないことを示しています。**表4-1**にエクスクラメーションの使われ方と意味をまとめました。

表4-1　リストとnull制約の一覧

リストの宣言	定義
`[Int]`	`null`かもしれないリストで中身は`null`かもしれない整数値
`[Int!]`	`null`かもしれないリストで中身は`null`ではない整数値
`[Int]!`	`null`ではないリストで中身は`null`かもしれない整数値
`[Int!]!`	`null`ではないリストで中身は`null`ではない整数値

ほとんどのリストの定義は、リスト自体もその値も`null`にはならないリストです。`null`が含まれるリストが必要になることはないでしょう。リスト内の`null`はフィルタリングするべきですし、値がひとつもなかった場合は空のリストを返すべきです。空のリストはJSONのレスポンスでは空の配列`[]`で表現できます。空の配列は`null`とは違います。あくまで配列であり、中身を持っていないだけです。

データを接続し、関連する複数の型のデータを取得できることは、GraphQLの重要な機能です。カスタムオブジェクト型のリストを定義したとき、オブジェクトを接続するという強力な機能を使っています。

この節では、オブジェクト型の接続の種類について解説します。

4.2.1 一対一の接続

カスタムオブジェクト型のフィールドを定義することは、2つのオブジェクトを接続することにほかなりません。グラフ理論の言葉では、この接続部分は**エッジ**と呼ばれるのでした。ひとつ目の接続方法は、単体のオブジェクトに対して単体のオブジェクトを接続する一対一の接続です。

`Photo`は`User`によって投稿されます。そのため、システム上のすべての`Photo`はその投稿者である`User`との間にエッジを持っているはずです。**図4-1**では`Photo`と`User`に対する一重の接続を示しています。このグラフにおけるエッジは2つのノードに対する`postedBy`の関係です。

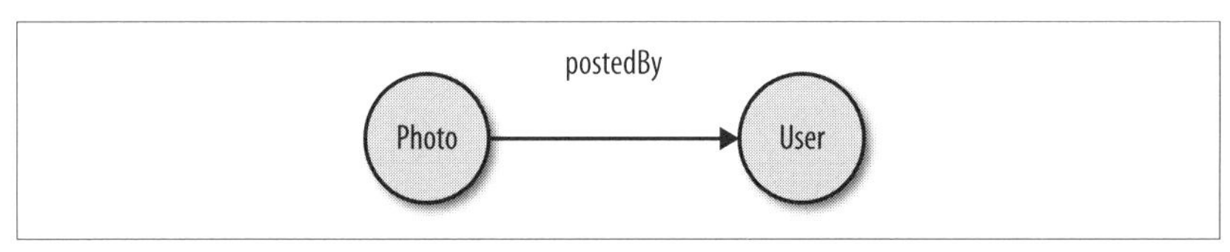

図4-1 一対一の接続

どのようにスキーマを定義するのか確認してみましょう。

```
type User {
  githubLogin: ID!
  name: String
  avatar: String
}

type Photo {
  id: ID!
  name: String!
  url: String!
  description: String
  created: DateTime!
  category: PhotoCategory!
  postedBy: User!
}
```

まず、スキーマに新しい型である`User`を定義します。この写真共有アプリケーションでは`User`はGitHub経由でサインインするのでした。`User`がサインインすると

GitHubへのサインインに関する固有の識別子が得られるのでgithubLoginとして情報を格納します。もしUserがGitHub上で名前やアバターを設定していれば、追加でこれらの情報をそれぞれname、avatarフィールドに格納します。

次に、PhotoにpostedByフィールドを追加することで、2つの型を接続しましょう。すべてのPhotoは必ずUserによって投稿されるので、フィールドの型はUser!になります。必ずUserが存在するので末尾にエクスクラメーションマークを付加しています。

4.2.2 一対多の接続

可能であれば、GraphQLのサービスは無向グラフにしておくことが望ましいです。無向グラフにしておくことで、クライアントは非常に自由度の高い問い合わせができるようになります。任意のノードを起点にしてほかのノードを接続していけるからです。これを実現する方法は、User型とPhoto型の間に双方向にエッジを作成することです。今回のケースではUserに対してそのユーザーが投稿したすべてのPhotoのリストを返すフィールドを追加で定義すれば双方向のエッジが実現します。

```
type User {
  githubLogin: ID!
  name: String
  avatar: String
  postedPhotos: [Photo!]!
}
```

User型にpostedPhotosフィールドを追加することで、UserからPhotoに向かうエッジを形成することができました。postedPhotosフィールドはPhotoのリストを返します。これらのPhotoはすべて親のUserによって投稿されたものです。Userは複数のPhotoを子に持つので、一対多の接続を定義できました。**図4-2**に示すような一対多の接続はオブジェクトに接続するオブジェクトのリスト型のフィールドを持たせることで実現できることがわかりました。

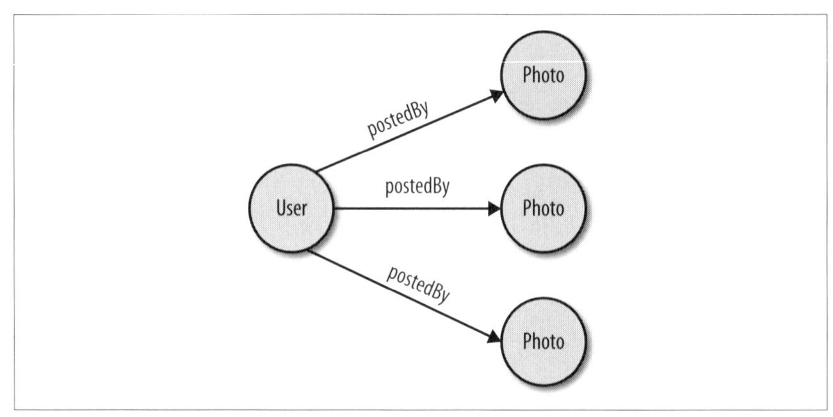

図4-2 一対多の接続

一対多の接続を頻繁に作成する場所があります。それはルート型です。PhotoやUserをクエリできるようにするためにはQueryルート型にこれらのフィールドを追加する必要があります。Query型にフィールドを追加する方法を確認しましょう。

```
type Query {
  totalPhotos: Int!
  allPhotos: [Photo!]!
  totalUsers: Int!
  allUsers: [User!]!
}

schema {
  query: Query
}
```

Query型のフィールドに使用できるクエリを定義していくことができます。この例では、それぞれの型に対して2つのクエリを追加しています。ひとつはレコードの総数を取得するクエリです。もうひとつはすべてのレコードをリストとして取得するクエリです。さらに、schemaオブジェクトにQuery型を追加しています。この記述によってGraphQL APIでqueryが利用できるようになります。

これにより、PhotoとUserを以下のように問い合わせられるようになりました。

```
query {
  totalPhotos
  allPhotos {
    name
```

```
      url
    }
  }
```

4.2.3 多対多の接続

ノードのリストとノードのリストを接続したくなることもあるでしょう。写真共有アプリケーションでも投稿された写真に写っているUserを登録する機能を追加することにしました。いわゆる**タグ付け**です。**図4-3**で示すようにPhotoは多くのUserから構成されるでデータになり、Userは多くのPhotoにタグ付けされるようになりました。

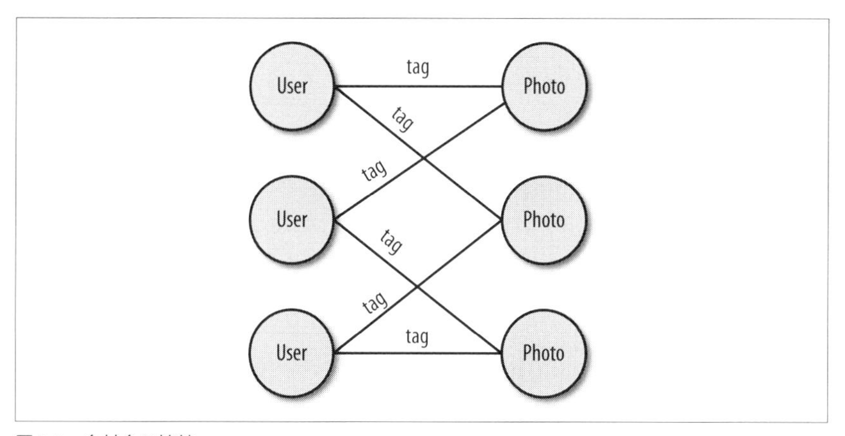

図4-3 多対多の接続

こういった接続を実現するためには、UserとPhotoの両方にお互いのリストのフィールドを追加する必要があります。

```
type User {
  ......
  inPhotos: [Photo!]!
}

type Photo {
  ......
  taggedUsers: [User!]!
}
```

このように、双方向に**一対多**の接続を定義することで**多対多**の接続が表現できます。

この例では、Photoは多くのタグ付けされたUserを持ち、Userは多くのPhotoでタグ付けされています。

4.2.3.1 スルー型

多対多の関係を定義するとき、それぞれの関係自体に意味合いを持たせたくなる場合があります。写真共有アプリケーションの例ではこういった需要がないので、新しくUser同士の友人関係を例にとって考えてみましょう。

UserにUserのリストのフィールドを持たせることで、ユーザー同士の多対多の関係を表現できます。

```
type User {
  friends: [User!]!
}
```

それぞれのUserがfriendsのリストを持っています。ここで、知り合ってからの期間のような関係性の情報を保存したいとしたらどうでしょうか。

この場合は、カスタムオブジェクト型で新しいエッジを構築すればよいでしょう。こういったオブジェクトをスルー型と呼びます。このノードはUserとUserの2つのノードをつなぐために通過する（スルーする）経路になるからです。早速Friendshipというスルー型を定義してみましょう。Friendship型は2つのUser型を接続し、友人関係の情報を保持します。

```
type User {
  friends: [Friendship!]!
}

type Friendship {
  friend_a: User!
  friend_b: User!
  howLong: Int!
  whereWeMet: Location
}
```

Userのfriendsフィールドでは、Userのリストを直接定義する代わりにFriendship型のリストが指定されるようになりました。Friendship型では接続されている2つの友人friend_aとfriend_bが定義されています。さらに、友人関係にまつわるhowLongとwhereWeMetのフィールドが定義されています。howLongは友人関係の期間をIntとして返し、whereWeMetはLocation型で2人のユーザーが出会った場所を返します。

Friendshipを改善する余地がありそうです。同じ機会に多くの友人関係が相互に構築されるのであれば、friendsをUserのリストで定義できます。そうすることで、Friendshipに2人よりも多い人数が相互に出会い、友人関係を構築した情報を格納できます。

```
type Friendship {
  friends: [User!]!
  howLong: Int!
  whereWeMet: Location
}
```

Friendshipにfrinendsというフィールドをひとつ定義するだけで、2人以上の友人の関係を表現できるようになりました。

4.2.4 異なる型のリスト

GraphQLではリストは必ずしも単一の型を返すわけではありませんでした。「3章 GraphQLの問い合わせ言語」ではこういったケースに関連する概念としてユニオン型とインターフェースを紹介し、フラグメントを使用してリストを表現する方法について学びました。早速これらの型をスキーマに書き起こしてみましょう。

予定表を例にします。予定表はさまざまな異なるイベントでできているはずです。そして、それぞれのデータは異なるフィールドを持ちます。例えば、勉強会とワークアウトの予定は詳細がまったく異なります。それでも、両方の予定を予定表に追加できます。日々の予定表は異なる型の用事のリストであると考えることができます。

こういったスケジュールをGraphQLのスキーマで表現する方法はユニオン型とインターフェースの2つです。

4.2.4.1 ユニオン型

GraphQLにおいて**ユニオン型**は複数の型のうちのひとつを返す型です。「3章 GraphQLの問い合わせ言語」でscheduleクエリを使った例を思い返してみましょう。agendaフィールドを要求しましたが、agendaフィールドの中身はそれがWorkoutであるか、StudyGroupであるかによってまったく異なっていました。スキーマ定義を再掲します。

```
query schedule {
  agenda {
```

```
      ...on Workout {
        name
        reps
      }
      ...on StudyGroup {
        name
        subject
        students
      }
    }
  }
```

これらのアジェンダはAgendaItemというユニオン型で表現できます。

```
union AgendaItem = StudyGroup | Workout

type StudyGroup {
  name: String!
  subject: String
  students: [User!]!
}

type Workout {
  name: String!
  reps: Int!
}

type Query {
  agenda: [AgendaItem!]!
}
```

AgendaItemは勉強会とワークアウトを統合した型です。何らかのQueryでagendaフィールドを指定したとき、返されるのは勉強会とワークアウトが混在したリストです。

ひとつのユニオン型に好きなだけ多くの型を追加できます。記法は単純でパイプでそれぞれの型をつなぐだけです。

```
union = StudyGroup | Workout | Class | Meal | Meeting | FreeTime
```

4.2.4.2　インターフェース

複数の型を持つフィールドを扱うもうひとつの方法はインターフェースでした。**インターフェース**はオブジェクト型に実装できる抽象型です。インターフェースでは、実装型が必ず含む必要のあるフィールドを定義します。インターフェースはスキーマとソースコードを結びつける強力な手段です。特定のインターフェースを実装した型はそれがどのような型であってもインターフェースで指定されているフィールドは保持しているからです。

scheduleクエリには複数の異なる型を返すagendaフィールドがあるのでした。「3章 GraphQLの問い合わせ言語」では、agendaフィールドをインターフェースを用いて適切に表現したので、見直してみましょう。

```
query schedule {
  agenda {
    name
    start
    end
    ...on Workout {
      reps
    }
  }
}
```

agendaフィールドがインターフェースで実装されているとすれば、agendaに対するクエリはこのように表現できるはずです。agendaフィールドに対応するインターフェースは特定のフィールド、すなわちname、start、endを持っています。実装型が何であれこれらの3つのフィールドは必ず持っており、これらの3つのフィールドを持ってさえいれば、agendaフィールドで返すことができます。

この状況はGraphQLのスキーマで以下のように表現できます。

```
scalar DataTime

interface AgendaItem {
  name: String!
  start: DateTime!
  end: DateTime!
}

type StudyGroup implements AgendaItem {
  name: String!
  start: DateTime!
  end: DateTime!
  participants: [User!]!
  topic: String!
```

```
}

type Workout implements AgendaItem {
  name: String!
  start: DateTime!
  end: DateTime!
  reps: Int!
}

type Query {
  agenda: [AgendaItem!]!
}
```

この例ではAgendaItemというインターフェースを作成しています。AgendaItemはほかの型が実装できる抽象型です。何らかの型がインターフェースを実装するとき、インターフェースに定義されているフィールドは必ず含まなくてはなりません。StudyGroupもWorkoutもAgendaItemインターフェースを実装しているため、name、start、endのフィールドを作成しなければなりません。agendaはAgendaItemインターフェース型のリストを返すことを指定しているため、agendaのリストにはAgendaItemを実装した任意の型が含まれます。

もちろん、実装型にインターフェース型で指定されていないフィールドを追加することもできます。StudyGroup型にはtopicと参加者のリストを返すparticipantsが定義されています。同様にWorkout型にはrepsが定義されています。問い合わせの際は、フラグメントを使用することでこれらの固有のフィールドを要求することができました。

異なる型が混在するフィールドを表現するためにユニオン型とインターフェースという2つのツールが使用できることがわかりました。どちらを使用するかは実装者に委ねられています。一般論としては、含まれている複数の型がまったく異なるものであればユニオン型を利用するのがよいでしょう。同様に、複数の型に共通のフィールドがある場合はインターフェースを利用するほうがよいでしょう。

4.3 引数

引数はGraphQLのどのフィールドにも追加できます。GraphQLでは引数としてデータを付加することで結果を操作できます。「3章 GraphQLの問い合わせ言語」では、クエリとミューテーションの例で引数を使用しました。スキーマでどのようにして引数を定義できるのか確認していきましょう。

Query型にはallUsersとallPhotosというフィールドを定義しました。では、特定のひとつのUserやPhotoを取得したい場合はどうしたらいいでしょうか。UserやPhotoを指定するための情報が必要になります。こういった情報を問い合わせに含めることができるのが引数です。

```
type Query {
  ......
  User(githubLogin: ID!): User!
  Photo(id: ID!): Photo!
}
```

フィールドと同様、引数も型を必要とします。スカラー型と、スキーマの中で使用できるすべてのオブジェクト型を指定できます。Userを識別するためには、Userごとに固有のgithubLoginを引数で指定すればよさそうです。以下のクエリではMoonTahoeのnameとavatarだけを要求しました。

```
query {
  User(githubLogin: "MoonTahoe") {
    name
    avatar
  }
}
```

同様にして、特定のPhotoを指定するためには写真のIDを指定すればよさそうです。

```
query {
  Photo(id: "14TH5B6NS4KIG3H4S") {
    name
    description
    url
  }
}
```

いずれのケースでも、特定のデータを取得するためには引数が必須になっています。引数が必要なので、エクスクラメーションマークでnullにならないことを指定しています。githubLoginやidが指定されなければ、GraphQLのパーサーがエラーを返します。

4.3.1 データのフィルタリング

引数は必ずnullにならないとは限りません。nullになりうる、必須ではない引数を追加することもできます。つまり、クエリの実行時に任意に追加できるパラメータを定義できます。以下の例ではallPhotosクエリでPhotoCategoryを指定することで、Photoのリストをフィルタリングできるようにしました。

```
type Query {
  ......
  allPhotos(category: PhotoCategory): [Photo!]!
}
```

allPhotosクエリに任意のcategoryフィールドが追加されています。categoryはenum型のPhotoCategoryに含まれる値である必要があります。categoryが指定されなければすべてのPhotoのリストが返されます。もしcategoryを指定すれば、指定のcategoryでフィルタリングされたPhotoのリストが返されるでしょう。

```
query {
  allPhotos(category: "SELFIE") {
    name
    description
    url
  }
}
```

上記のクエリではSELFIEカテゴリのすべてのPhotoのname、description、urlを取得できるでしょう。

4.3.1.1 データページング

写真共有アプリケーションが成功すると、当然多くのUserとPhotoのデータを保持することになります。アプリケーションが一度にすべてのUserやPhotoのデータを返すのは難しくなってくるでしょう。GraphQLの引数を使って、返されるデータ量を制御できます。ひとつのページ分のデータを取得するかのように、決まった数のデータを取得できるようにする処理を**データページング**と呼びます。

データページングの実装のためには2つのオプショナルな引数firstとstartを追加する必要があります。firstはひとつのデータページが返すデータの件数です。startは取得するレコードの開始位置、すなわち最初のレコードのインデックスです。2つのリストを取得するクエリにこれらの引数を追加してみましょう。

```
type Query {
  ......
  allUsers(first: Int=50 start: Int=0): [User!]!
```

```
  allPhotos(first: Int=25 start: Int=0): [Photo!]!
}
```

上の例ではfirstとstartのオプショナルな引数を追加しています。また、クライアントがクエリにこれらの引数を指定しなかった場合はデフォルトの値が使用されるようになっています。allUsersのクエリではデフォルトで最初の50件のデータが取得され、allPhotosでは25件のデータが取得されます。

引数に異なる値を指定することで、異なる範囲のUserやPhotoのデータを取得できます。例えば、90番目から100番目のUserを取得したい場合は以下のようにクエリを作成します。

```
query {
  allUsers(first: 10 start: 90) {
    name
    avatar
  }
}
```

このクエリでは10個のUserの情報を90番目から取得するように指定しています。また、この範囲のUserのnameとavatarのみを指定しています。データにページがいくつあるのかは、データの数をページあたりのデータの数で割ることで算出できます。

```
pages = pageSize/total
```

4.3.1.2 ソート

データのリストをクエリする際に、リストのソート方法を指定したい場合があるでしょう。これも引数で表現できます。

Photoのレコードのリストを取得するクエリで、ソート方法を指定できるようにしたいとしましょう。ソート方法の指定を実現するひとつの方法は、enum型を使うことです。Photoオブジェクトのどのフィールドを使用して、どのようにソートするかをenumで指定します。

```
enum SortDirection {
  ASCENDING
  DESCENDING
}

enum SortablePhotoField {
```

```
  name
  description
  category
  created
}

Query {
  allPhotos(
    sort: SortDirection = DESCENDING
    sortBy: SortablePhotoField = created
  ): [Photo!]!
}
```

allPhotosのクエリにsortとsortBy引数を追加しました。sortにはenum型のSortDirectionが指定されているため、ASCENDING（昇順）とDESCENDING（降順）のいずれかの値のみが使用できます。また、SortablePhotoFieldというenum型が定義されています。Photoのすべてのフィールドをソートに使用できるフィールドにしたくはないため、sortByで指定できるフィールドをname、description、category、そしてcreated（Photoが追加された日時）の4つに制限しています。sortもsortByも任意の引数なのでデフォルトではそれぞれDESCENDINGとcreatedが指定されるようになっています。

allPhotosクエリで得られるPhotoのリストを自由にソートできるようになりました。

```
query {
  allPhotos(sortBy: name) {
    name
    url
  }
}
```

このクエリではすべてのPhotoがnameの降順で返されます。

ここまでは、Query型に対してしか引数を追加していませんが、すべてのフィールドに引数を追加することが可能です。フィルタリングやソート、ページングのための引数を特定のユーザーが投稿したPhotoに対して定義することもできます。

```
type User {
  postedPhotos(
    first: Int = 25
    start: Int = 0
```

```
    sort: SortDirection = DESCENDING
    sortBy: SortablePhotoField = created
    category: PhotoCategory
  ): [Photo!]
```

ページングのフィルターはクエリが返すデータの量を減らすために役立ちます。データ量を制限する手法については「7章 GraphQLの実戦投入にあたって」でより詳細に解説します。

4.4 ミューテーション

ミューテーションもスキーマに定義する重要な要素です。クエリと同様にカスタムオブジェクト型を定義し、追加できます。ミューテーションとクエリのスキーマ定義に仕様的な差はありません。両者は目的が異なります。ミューテーションはアプリケーションの状態を変更するために作成されます。

ミューテーションはアプリケーションで使われる**動詞**と対応づくのが望ましいです。サービスに対して**できること**がミューテーションとして定義されます。GraphQLのサービスを設計するとき、ユーザーが実行できる操作をすべて列挙してください。それがスキーマに定義するべきミューテーションです。

写真共有アプリケーションでは、ユーザーはGitHubのアカウントでサインインすることができ、写真を投稿することができ、写真にタグを付けることができます。これらのすべての操作がアプリケーションの何らかの状態を変更します。GitHubでサインインすると、サーバーにアクセスしている現在のユーザーが変更されます。写真を投稿すると、システム上に新しい写真が追加されます。写真にタグを付ける場合も同様で、タグを付けるたびに写真のタグのデータが追加されます。

スキーマ上でこれらのミューテーションをルート型の`Mutation`に対して追加すると、クライアントから利用できるようになります。早速`postPhoto`ミューテーションを追加してみましょう。

```
type Mutation {
  postPhoto(
    name: String!
    description: String
    category: PhotoCategory=PORTRAIT
  ): Photo!
}

schema {
```

```
  query: Query
  mutation: Mutation
}
```

Mutation型にpostPhotoを追加することで、ユーザーは写真を投稿できるようになりました。厳密には、写真に対するメタ情報が登録できるようになっています。GraphQLのサービスで写真本体のアップロードを扱う話は「7章 GraphQLの実戦投入にあたって」で紹介します。

ユーザーが写真を投稿する際には、少なくともnameが必要です。対してdescriptionとcategoryは必ずしも必要ではありません。category引数が空の場合はデフォルト値としてPORTRAITが設定されます。例えば、以下のようなミューテーションを実行できます。

```
mutation {
  postPhoto(name: "Sending the Palisades") {
    id
    url
    created
    postedBy {
      name
    }
  }
}
```

写真を投稿した際に返される情報を選択できます。写真の投稿時にサーバー上で追加される情報もあります。写真のIDがデータベースにデータを登録するときに生成されます。urlも自動的に生成される値です。createdフィールドも写真が投稿された日時から自動的に生成されます。この問い合わせではサーバー上で生成されるすべての新しいフィールドを指定しています。

さらに、選択セットには写真を投稿したユーザーの情報が指定されています。写真を投稿するためには必ずサインインしている必要があります。ユーザーのサインインが確認できなければ、写真投稿のミューテーションは失敗し、エラーが帰ってきます。サインインしたユーザーがミューテーションを実行するはずなので、そのユーザーの情報をpostedByに格納し、返すことができます。「5章 GraphQLサーバーの実装」ではアクセストークンを使ってユーザーの認証を確認する方法を紹介します。

ミューテーション変数

ミューテーションを扱うとき、「3章 GraphQLの問い合わせ言語」でやったようにミューテーション変数を使うことがあります。ミューテーション変数を使うことで似たようなミューテーションを繰り返し実行するのが容易になったのでした。本章ではこの手順を省略しましたが、ミューテーション変数を使えば以下のようになります。

```
mutation postPhoto(
  $name: String!
  $description: String
  $category: PhotoCategory
) {
  postPhoto(
    name: $name
    description: $description
    category: $category
  ) {
    id
    name
    url
  }
}
```

4.5 入力型

お気づきかもしれませんが、クエリとミューテーションの引数の数が多くなってきました。多数の引数をうまく扱うために**入力型**を使ってみましょう。入力型はGraphQLのオブジェクト型と似ていますが、引数に対して使用されるものです。

postPhotoミューテーションの引数に入力型を使用してみましょう。

```
input PostPhotoInput {
  name: String!
  description: String
  category: PhotoCategory=PORTRAIT
}

type Mutation {
```

```
  postPhoto(input: PostPhotoInput!): Photo!
}
```

PostPhotoInput型はオブジェクト型と似ていますが、引数としてしか利用することができません。nameとdescriptionを必須の引数として指定し、categoryをオプショナルの引数としています。postPhotoミューテーションの実行時には、写真の詳細をひとつのオブジェクトにする必要があります。

```
mutation newPhoto($input: PostPhotoInput!) {
  postPhoto(input: $input) {
    id
    url
    created
  }
}
```

このミューテーションを作成するとき、$inputクエリ変数はPostPhotoInput!入力型と一致している必要があります。少なくともinput.nameにアクセスできる必要があるため、この値は必須です。このミューテーションをリクエストするとき、クエリ変数としてinputのフィールドが要求するデータを提供しなければなりません。

```
{
  "input": {
    "name": "Hanging at the Arc",
    "description": "Sunny on the deck of the Arc",
    "category": "LANDSCAPE"
  }
}
```

ミューテーションを実行するとき、inputはクエリ変数のJSONオブジェクトの中のinputキー配下に格納され、送信されます。クエリ変数がJSONとして送られるため、categoryは文字列として送付されます。文字列はPhotoCategory型で指定されたいずれかの値と一致している必要があります。

入力型はわかりやすいGraphQLスキーマを作成するための鍵です。入力型は任意のフィールドに引数として使用できます。ページングやデータのフィルタリングにも入力型を使用できます。

ソートとフィルタリングを入力型で定義して使いまわす例を見てみましょう。

```
input PhotoFilter {
  category: PhotoCategory
```

```
  createdBetween: DateRange
  taggedUsers: [ID!]
  searchText: String
}

input DateRange {
  start: DateTime!
  end: DateTime!
}

input DataPage {
  first: Int = 25
  start: Int = 0
}

input DataSort {
  sort: SortDirection = DESCENDING
  sortBy: SortablePhotoField = created
}

type User {
  ......
  postedPhotos(filter:PhotoFilter paging:DataPage sorting:DataSort): [Photo!]!
  inPhotos(filter:PhotoFilter paging:DataPage sorting:DataSort): [Photo!]!
}

type Photo {
  ......
  taggedUsers(sorting:DataSort): [User!]!
}

type Query {
  ......
  allUsers(paging:DataPage sorting:DataSort): [User!]!
  allPhotos(filter:PhotoFilter paging:DataPage sorting:DataSort): [Photo!]!
}
```

入力型を定義して、スキーマ全体を通して多くのフィールドの引数で使いまわしています。

`PhotoFilter`入力型はオプショナルな入力フィールドを持ち、クライアントが写真のリストをフィルタリングできるようにしています。`PhotoFilter`型は`createdBetWeen`フィールドに`DateRange`という入力型をネストさせています。

DateRangeは開始と終了の日付を必須で要求します。PhotoFilterではcategoryやsearch、taggedUsersといったフィールドで写真をフィルタリングすることもできます。これらのフィルターを写真のリストを返す任意のフィールドに追加できます。写真のリストに関して、クライアントが自由にフィルタリングをかけられるようになりました。

入力型はページングやソートにも使えます。DataPage入力型は1ページ分のデータを取得するために必要なフィールドを持ち、DataSort入力型はソートのためのフィールドを持ちます。これらの入力型はデータのリストを返すフィールドに付加できます。

入力型の恩恵にあずかって複雑な条件のクエリを書いてみましょう。

```
query getPhotos($filter:PhotoFilter $page:DataPage $sort:DataSort) {
  allPhotos(filter:$filter paging:$page sorting:$sort) {
    id
    name
    url
  }
}
```

このクエリは$filter、$page、$sortの入力型を任意に受け付けることができます。クエリ変数を使って、欲しい写真を取得してみましょう。

```
{
  "filter": {
    "category": "ACTION",
    "taggedUsers": ["MoonTahoe", "EvePorcello"],
    "createdBetween": {
      "start": "2017-11-6",
      "end": "2018-5-31"
    }
  },
  "page": {
    "first": 100
  }
}
```

このクエリではActionカテゴリのMoonTahoeとEvePorcelloがタグ付けされた2017年11月6日から2018年5月31日までの写真を要求しています。また、写真は最初の100件までを上限に返されます。

入力型を使用することで引数を使いまわして洗練されたスキーマを作成することが

できました。GraphiQLやGraphQL Playgroundが自動生成するスキーマドキュメントもわかりやすいものになります。作成したGraphQL APIがユーザーにとって理解しやすく、使いやすいものになると言えます。そして、クライアントが複雑な問い合わせを簡単にリクエストできるようになるのです。

4.6 返却型

スキーマのすべてのフィールドが主要な型であるUserやPhotoを返します。しかし、時にはペイロードに加えてクエリやミューテーションのメタ情報を返したい場合があります。例えば、ユーザーがサインインして認証されたときに、Userのペイロードに加えてトークンを返す必要があるときなどです。

GitHubのOAuthにサインインする際、OAuthのコードをGitHubから取得する必要があります。GitHubのOAuthアカウントを設定して、GitHub認可用コードを取得する方法については「5.5 GitHub認可」で紹介します。ここでは、GitHubコードは取得できる状態になっていて、ユーザーがサインインするためのgithubAuthミューテーションを実行できるとしましょう。

```
type AuthPayload {
  user: User!
  token: String!
}

type Mutation {
  ......
  githubAuth(code: String!): AuthPayload!
}
```

ユーザーは正しいGitHubコードをgithubAuthミューテーションで送ることで認可されます。認可が成功すると、サインインしたユーザーとpostPhotoミューテーションを含むクエリやミューテーションを認可するためのトークンが含まれたカスタムオブジェクト型を返します。

カスタム返却型は単純なペイロードのデータ以上のデータを返すために任意のフィールドで使用できます。クエリを実行してレスポンスが得られるまでにどれぐらいの時間がかかったのか知りたいこともあるでしょう。クエリのペイロードに加えて、レスポンスに含まれなかった結果がどれぐらいあるのかを知りたいこともあるでしょう。そういったデータはすべてカスタム返却型で制御できます。

ここまでGraphQLのスキーマを作成する際に利用できるすべての型を説明してきま

した。また、スキーマのデザインをより良いものにする助けになるテクニックも紹介してきました。最後に、まだ説明していなかったルート型であるサブスクリプション型について紹介します。

4.7 サブスクリプション

Subscription型はGraphQLというスキーマ定義言語の他のオブジェクト型と同じです。ここに、利用できるサブスクリプションをカスタムオブジェクト型のフィールドを用いて定義しました。サブスクリプションのスキーマはPubSubデザインパターンのリアルタイムの通信を実装している必要があります。「7章 GraphQLの実戦投入にあたって」でこれらのGraphQLのサービス実装について解説します。

以下の例では、クライアントがPhoto型とUser型の生成を購読するためのサブスクリプション型を定義しています。

```
type Subscription {
  newPhoto: Photo!
  newUser: User!
}

schema {
  query: Query
  mutation: Mutation
  subscription: Subscription
}
```

newPhotoとnewUserの2つのフィールドを持ったカスタムサブスクリプションオブジェクトを定義しました。新しい写真が投稿されると、newPhotoを購読しているすべてのクライアントに向けて新しい写真がプッシュされます。新しいユーザーが作成されると、newUserを購読しているクライアントにユーザーの情報がプッシュされます。

クエリやミューテーションと同様に、サブスクリプションにも引数を利用できます。新しい写真の中でもACTIONカテゴリのものだけを取得する、といったことを実現するためにnewPhotoのサブスクリプションをフィルターできるように拡張してみましょう。

```
type Subscription {
  newPhoto(category: PhotoCategory): Photo!
  newUser: User!
}
```

ユーザーがnewPhotoを購読するときに、プッシュされてくる写真をフィルターできるようになりました。ACTIONカテゴリの写真の通知だけを取得したければ、クライアント側が実行するGraphQL APIは次のようになります。

```
subscription {
  newPhoto(category: "ACTION") {
    id
    name
    url
    postedBy {
      name
    }
  }
}
```

このサブスクリプションはACTIONカテゴリの写真の詳細だけをプッシュします。

リアルタイムでデータを扱いたい場合にサブスクリプションは非常に強力な手段です。リアルタイムデータを扱うためのサブスクリプションの実装については「7章 GraphQLの実戦投入にあたって」で解説します。

4.8 スキーマのドキュメント化

「3章 GraphQLの問い合わせ言語」でGraphQLのイントロスペクション機能について紹介しました。GraphQLは利用できるクエリに関する情報を提供できます。GraphQLのスキーマを作成するとき、それぞれのフィールドにスキーマの型やフィールドに対する説明を付加できます。説明を付加することで開発チームメンバーや自分自身、あるいはAPIのユーザーがAPIを理解する助けになります。

試しにUser型のスキーマにコメントを足してみましょう。

```
"""
最低一度はGitHubで認可されたユーザー
"""
type User {

  """
  ユーザーの一意のGitHubログインID
  """
  githubLogin: ID!

  """
  ユーザーの姓名
  """
```

```
  name: String

  """
  ユーザーのGitHubプロフィール画像のURL
  """
  avatar: String

  """
  このユーザーが投稿した全写真
  """
  postedPhotos: [Photo!]!

  """
  このユーザーが含まれる全写真
  """
  inPhotos: [Photo!]!

}
```

それぞれの型やフィールドの前にトリプルクオーテーションで囲ってコメントを追記できます。型やフィールドに加えて、引数に対してもドキュメントを付加できます。`githubAuth`ミューテーションの例を見てみましょう。

```
type Mutation {
  """
  GitHubユーザーで認可
  """
  githubAuth(
    "ユーザーの認可のために送信されるGitHubの一意のコード"
    code: String!
  ): AuthPayload!
}
```

引数へのコメントは引数の名前と引数がオプショナルであるかどうかを共有します。入力型に対してもほかの型と同様にコメントを記述できます。

```
"""
postPhotoで送信される入力
"""
input PostPhotoInput {
  "新しい写真の名前"
  name: String!
  "(optional) 写真の簡単な説明"
```

```
    description: String
    "(optional) 写真のカテゴリ"
    category: PhotoCategory=PORTRAIT
  }

  postPhoto(
    "input: 新しい写真の名前、説明、カテゴリ"
    input: PostPhotoInput!
  ): Photo!
```

これらのコメントはGraphQL PlaygroundやGraphiQLで**図4-4**のようにすべて列挙されます。もちろんイントロスペクションクエリを作成するとこれらのコメントを取得できます。

図4-4 PostPhotoInputドキュメント

GraphQLプロジェクトの肝はスキーマをうまく設計することです。よくできたGraphQLのスキーマはフロントエンドとバックエンドチームの間のロードマップと契約として機能し、ビルドされた製品が常にスキーマに対応することを保証します。

この章では写真共有アプリケーションのスキーマを作成しました。残りの3つの章では、作成したスキーマを満たすフルスタックなGraphQLアプリケーションの作り方を解説します。

5章
GraphQLサーバーの実装

これまでに、APIの歴史について学び、クエリの実行方法について学び、スキーマを作成する方法について学びました。いよいよ充実した機能を持ったGraphQLのサービスを実装できます。GraphQLのサービスはどのような言語でも実装できますが、ここではJavaScriptを使用します。もちろん、ここで紹介する技術はどの言語でも適用できるものです。実装の詳細が多少異なっていたとしても、アーキテクチャの全体像は言語やフレームワークに依存しません。

他の言語のサーバー用のライブラリに興味があれば、GraphQL.org（http://graphql.org/code/）を参照してください。

GraphQLの仕様書は2015年の公開以来、クエリ言語と型システムの明瞭な説明を心がけています。サーバーの実装については意図的に抽象化されており、好きな言語を用いることができるようになっています。Facebookのチームは参考用にJavaScriptで実装されたGraphQL.jsという実装を提供しています。さらに、**express-graphql**というExpressでGraphQLのサーバーを実装するためのシンプルなライブラリを提供しています。

私たちはJavaScriptによるGraphQLサーバーの実装手法を検討し、**Apollo Server**（https://www.apollographql.com/docs/apollo-server/v2/）を用いることを決めました。Apollo ServerはApolloチームが開発したオープンソースのソフトウェアで、非常にシンプルにセットアップできる上、本番環境に投入できる水準の機能を多く提供しています。代表的な機能としては、サブスクリプションのサポート、ファイルのアップロード、既存のサービスのAPIからデータを取得する機能、そしてクラウドサービスのApollo Engineがあげられます。ブラウザで直接クエリを送るためのGraphQL PlaygroundもApollo Serverで利用できます。

5.1 プロジェクトのセットアップ

まずはphoto-share-apiプロジェクトの空フォルダを作成しましょう（Glitchで動作する完成品のソースコードは本書のGitHubリポジトリhttps://github.com/MoonHighway/learning-graphql/tree/master/chapter-05/photo-share-api/にあります）。そのフォルダの中から、ターミナルまたはコマンドプロンプトでnpm init -yコマンドを実行して新しいnpmプロジェクトを生成します。これによってpackage.jsonが生成されます。-yフラグを使用したので、すべてのオプションはデフォルトのものが設定されています。

次に、プロジェクトの依存ライブラリであるapollo-serverとgraphqlをインストールします。nodemonもインストールします。

```
npm install apollo-server graphql nodemon
```

Apollo Serverのインスタンスを立ち上げるには、apollo-serverとgraphqlが必要です。nodemonはファイルの変更を監視し、変更が行われるとサーバーを再起動します。これを使うことで、コードを変更するたびにサーバーを停止して再起動する必要がなくなります。nodemonコマンドをpackage.jsonのscriptsに追加しましょう。

```
"scripts": {
  "start": "nodemon -e js,json,graphql"
}
```

これで、npm startを実行するとindex.jsが実行され、さらに、nodemonによって拡張子がjs、json、graphqlのファイルの変更が監視されるように設定できました。また、プロジェクトのルートにindex.jsを作成し、このファイルが実行されるようにpackage.jsonのmainのパス指定もindex.jsとします。

```
"main": "index.js"
```

5.2 リゾルバ

ここまでのGraphQLの解説ではクエリに重点を置いてきました。スキーマは、クライアントが作成できるクエリ操作と、さまざまな型の関係を定義します。スキーマはデータの要件を記述しますが、そのデータを取得する作業は行いません。それらはリゾルバの役割です。

リゾルバは特定のフィールドのデータを返す関数です。リゾルバ関数はスキーマで指定されたとおりのデータを返します。リゾルバは非同期で処理することができ、REST API、データベース、その他のサービスからデータを取得したり更新したりできます。

それでは、リゾルバをルートクエリに追加してみましょう。プロジェクトのルートにある`index.js`でクエリに`totalPhotos`フィールドを追加します。

```
const typeDefs = `
  type Query {
    totalPhotos: Int!
  }
`

const resolvers = {
  Query: {
    totalPhotos: () => 42
  }
}
```

`typeDefs`変数に文字列としてスキーマを定義します。`totalPhotos`のように、クエリを作成する場合は必ずスキーマと同じ名前のリゾルバ関数を定義する必要があります。型定義にはフィールドが返す型を記述します。リゾルバ関数は何かしらの実装でデータを返します。この例では静的な値として42を返します。

リゾルバはスキーマ内のオブジェクトと同じ`typename`を持つオブジェクトとして定義されなければならないことにも注意してください。`totalPhotos`フィールドはクエリオブジェクトで定義されています。そのため、このフィールドのリゾルバも`Query`オブジェクトで定義しなければなりません。

ここまでで、ルートクエリの初期型定義を作成しました。また、`totalPhotos`クエリフィールドに対応する最初のリゾルバも作成しました。Apollo Serverを使用することで、スキーマを作成でき、スキーマに対してクエリを実行できるようになります。

```
// apollo-serverモジュールを読み込む
const { ApolloServer } = require(`apollo-server`)

const typeDefs = `
  type Query {
    totalPhotos: Int!
  }
`

const resolvers = {
```

```
  Query: {
    totalPhotos: () => 42
  }
}

// サーバーのインスタンスを作成
// その際、typeDefs(スキーマ)とリゾルバを引数に取る
const server = new ApolloServer({
  typeDefs,
  resolvers
})

// Webサーバーを起動
server
  .listen()
  .then(({url}) => console.log(`GraphQL Service running on ${url}`))
```

`typeDefs`と`resolvers`を引数にとり、`ApolloServer`の新しいインスタンスを作成します。これは、強力なGraphQL APIを手早く使えるようにするための最小限のサーバー設定です。この章の後半では、Expressを使ってサーバーの機能を拡張する方法について説明します。

この時点で、`totalPhotos`のクエリを実行する準備ができました。`npm start`を実行すると、`http://localhost:4000`でGraphQL Playgroundのサーバーが起動しているはずです。次のクエリを実行してみましょう。

```
{
  totalPhotos
}
```

`totalPhoto`クエリを実行すると42という値が返ってくるはずです。

```
{
  `data`: {
    `totalPhotos`: 42
  }
}
```

リゾルバはGraphQLを実装する上で重要です。すべてのフィールドに対応するリゾルバ関数が必要です。リゾルバはスキーマの定義を満たさなければなりません。スキーマで定義されたフィールドと同じ名前を持ち、スキーマで定義されたデータ型の結果を返す必要があります。

5.2.1 ルートリゾルバ

「4章 スキーマの設計」で説明したように、GraphQL APIのルート型はQuery、Mutation、Subscriptionです。これらの型は最も上位であり、これらによって、アクセスできるすべてのAPIのエントリポイントが構成されます。ここまでの作業によって、totalPhotosフィールドをQuery型に追加できました。これは、APIでこのフィールドを照会できることを意味します。

次に、Mutation型を追加しましょう。postPhotoというミューテーションのフィールドは、String型の引数としてnameとdescriptionを取ります。これが送信された際、Booleanが返される必要があります。

```
const typeDefs = `
  type Query {
    totalPhotos: Int!
  }

    type Mutation {
        postPhoto(name: String! description: String): Boolean!
    }
`
```

postPhotoミューテーションを作成した後、対応するリゾルバをresolversオブジェクトに追加します。

```
// 写真を格納するための配列を定義する
var photos = []

const resolvers = {
  Query: {

    // 写真を格納した配列の長さを返す
    totalPhotos: () => photos.length

  },

  // postPhotoミューテーションと対応するリゾルバ
  Mutation: {
    postPhoto(parent, args) {
        photos.push(args)
        return true
    }
```

```
    }

  }
```

まず、写真のデータを格納するため、photosという名前の配列を作成します。この章の後半ではデータベースに写真を保存します。

次に、totalPhotosリゾルバを拡張してphotos配列の長さを返すようにします。このフィールドを照会すると、現在配列に格納されている写真の数が返されます。

ここにpostPhotoリゾルバを追加します。今回はpostPhoto関数で引数を追加します。第一引数は親オブジェクトへの参照です。ドキュメントではこれが_、root、またはobjと表記されていることがあります。この場合、postPhotoリゾルバの親はMutationです。親には使用するために必要なデータは含まれていませんが、常にリゾルバの第一引数になります。したがって、リゾルバに送られる2番目の引数であるミューテーション引数にアクセスできるように、プレースホルダのparent引数を追加する必要があります。

postPhotoリゾルバに送られた2番目の引数は、この操作のために送られたGraphQL引数で、nameとオプショナルなdescriptionです。args変数は、{name、description}という2つのフィールドを含むオブジェクトになります。現在のところ、引数はひとつの写真オブジェクトを表しているためphotos配列にそのまま追加します。

次に、GraphQL PlaygroundでpostPhotoミューテーションをテストしてみましょう。name引数に文字列をとり、ミューテーションを送信します。

```
mutation newPhoto {
  postPhoto(name: "sample photo")
}
```

このミューテーションは写真の詳細情報を配列に追加した上で、trueを返します。クエリ変数を使えるように、このミューテーションを修正してみましょう。

```
mutation newPhoto($name: String!, $description: String) {
  postPhoto(name: $name, description: $description)
}
```

変数をミューテーションに追加した後、変数の中身を渡してあげる必要があります。Playgroundの左下隅にあるnameとdescriptionの値をクエリ変数ウィンドウに追加します。

```
{
  "name": "sample photo A",
  "description": "A sample photo for our dataset"
}
```

5.2.2 型リゾルバ

GraphQLのクエリ、ミューテーション、またはサブスクリプションを実行すると、クエリと同じ形の結果が返されます。これまでに整数、文字列、真偽値などのスカラー型の値を返すリゾルバの例を示してきましたが、リゾルバはオブジェクトも返すことができます。

フォトアプリに戻りましょう。Photo型の定義と、Photoオブジェクトのリストを受け取れるようにするため、allPhotoクエリフィールドを作成しましょう。

```
const typeDefs = `

  # Photo型を定義します
    type Photo {
      id: ID!
      url: String!
      name: String!
      description: String
    }

  # allPhotosはPhotoを返します
    type Query {
      totalPhotos: Int!
      allPhotos: [Photo!]!
    }

  # ミューテーションによって新たに投稿されたPhotoを返します
    type Mutation {
      postPhoto(name: String! description: String): Photo!
    }
`
```

PhotoオブジェクトとallPhotosクエリを型定義に追加したので、リゾルバにも対応する実装を追加しましょう。postPhotoミューテーションはPhoto型のデータを返す必要があります。allPhotosというクエリは、Photo型と同じ形のオブジェクトのリストを返す必要があります。

```
// 1. ユニークIDをインクリメントするための変数
var _id = 0
var photos = []

const resolvers = {
  Query: {
    totalPhotos: () => photos.length,
    allPhotos: () => photos
  },
  Mutation: {
    postPhoto(parent, args) {

      // 2. 新しい写真を作成し、idを生成する
      var newPhoto = {
        id: _id++,
        ...args
      }
      photos.push(newPhoto)

      // 3. 新しい写真を返す
      return newPhoto

    }
  }
}
```

Photo型はIDをフィールドに含んでいるので、IDを格納するための変数を作成しました。postPhotoリゾルバでこの値をインクリメントして新しいIDを生成します。argsの変数は、写真のnameフィールドとdescriptionフィールドを提供しますが、IDも必要です。IDやタイムスタンプなどの変数の生成は通常はサーバーで行います。したがって、postPhotoリゾルバで新しい写真オブジェクトを作成するときには、IDフィールドを追加し、argsを展開してnameフィールドとdescriptionフィールドを新しい写真オブジェクトに追加します。

このミューテーションは、真偽値を返す代わりにPhoto型の形状に一致するオブジェクトを返します。このオブジェクトは、生成されたIDとdataで渡されたnameとdescriptionのフィールドで構成されます。さらに、postPhotoミューテーションはphotos配列に写真オブジェクトを追加します。これらのオブジェクトは、スキーマで定義したPhoto型の形状に一致するため、allPhotosクエリによってphotosの配列全体を返すことができます。

変数をインクリメントさせることでユニークなIDを生成する方法は、スケールさせづらく、IDを作成する方法として適していませんが、今回はデモンストレーションのため、簡易的な方法として採用しています。実際のアプリケーションではIDはデータベースを利用するなど、より適した方法で生成するのがよいでしょう。

postPhotoが正しく動作するようにミューテーションを修正しましょう。Photoは型なので、選択セットをミューテーションに追加する必要があります。

```
mutation newPhoto($name: String!, $description: String) {
  postPhoto(name: $name, description: $description) {
    id
    name
    description
  }
}
```

いくつかの写真を追加した後で、次のallPhotosクエリを実行すると、追加されたすべてのPhotoオブジェクトが格納された配列が返ってきます。

```
query listPhotos {
  allPhotos {
    id
    name
    description
  }
}
```

写真スキーマにnon-nullableなurlフィールドを追加しました。選択セットにurlを追加するとどうなるでしょうか。

```
query listPhotos {
  allPhotos {
    id
    name
    description
    url
  }
}
```

urlをクエリの選択セットに追加すると`Cannot return null for non-nullable field Photo.url`というエラーが表示されるはずです。データセットに

urlフィールドを追加していないからです。URLは自動的に生成されるため保存する必要はありません。スキーマ内の各フィールドはリゾルバにマッピングできます。必要なことはリゾルバのリストにPhotoオブジェクトを追加し、関数にマッピングしたいフィールドを定義することだけです。この場合、URLの解決を行うための関数を定義します。

```
const resolvers = {
  Query: { …… },
  Mutation: { …… },
  Photo: {
    url: parent => `http://yoursite.com/img/${parent.id}.jpg`
  }
}
```

写真のURLにリゾルバを使用するために、リゾルバにPhotoオブジェクトを追加しました。Photoリゾルバのように、ルートに追加されたリゾルバは**トリビアルリゾルバ**と呼ばれます。トリビアルリゾルバはresolversオブジェクトの最上位に追加することになりますが、必須でありません。トリビアルリゾルバを使用してPhotoオブジェクトのカスタムリゾルバを作成できます。トリビアルリゾルバを指定しない場合、GraphQLはフィールドと同じ名前のプロパティのリゾルバを返します。

クエリで写真のurlを選択すると、対応するリゾルバ関数が呼び出されます。リゾルバに送られる最初の引数は常に親オブジェクトです。この場合、親は解決中の現在のPhotoオブジェクトを表します。ここでは、サービスが扱うのはJPEG画像だけだと仮定します。これらの写真には写真IDで名前が付けられていて、http://yoursite.com/img/で閲覧できます。親は写真なので、この引数を使用して写真のIDを取得し、写真のURLを自動的に生成できます。

GraphQLスキーマを定義するときには、アプリケーションのデータ要件を記述します。リゾルバを使用することで、これらの要件を強力かつ柔軟に満たすことができます。関数は豊富な機能と柔軟性を持っています。関数は非同期にできます。スカラー型を返すことも、オブジェクトを返すことができます。さまざまなソースからデータを返すことができます。リゾルバは単なる関数であり、GraphQLスキーマのすべてのフィールドをリゾルバにマッピングできます。

5.2.3 InputとEnumの使用

今度は、列挙型PhotoCategoryと入力型PostPhotoInputを型定義（typeDefs）

に導入します。

```
enum PhotoCategory {
  SELFIE
  PORTRAIT
  ACTION
  LANDSCAPE
  GRAPHIC
}

type Photo {
  ......
  category: PhotoCategory!
}

input PostPhotoInput {
  name: String!
  category: PhotoCategory=PORTRAIT
  description: String
}

type Mutation {
  postPhoto(input: PostPhotoInput!): Photo!
}
```

「4章 スキーマの設計」では、写真共有アプリケーションのスキーマを設計する際にこれらの型を作成しました。また、PhotoCategory列挙型を追加し、categoryフィールドをPhotoに追加しました。写真に関するクエリを解決する際、写真カテゴリ（列挙型で定義された値に一致する文字列）が使用可能であることを確認する必要があります。また、ユーザーが新しい写真を投稿したとき、カテゴリを取得する必要があります。

PostPhotoInput型を追加し、単一のオブジェクトの下でpostPhotoミューテーションの引数を実装しました。この入力型には、categoryフィールドがあります。categoryフィールドを指定しない場合はデフォルトのPORTRAITが適用されます。

postPhotoリゾルバも修正が必要です。写真の詳細情報である、name、description、categoryがinputフィールド内にネストされるようになりました。なので、これらの値を利用するには、argsではなくargs.inputから取り出さなければいけません。

```
postPhoto(parent, args) {
  var newPhoto = {
```

```
      id: _id++,
      ...args.input
    }
    photos.push(newPhoto)
    return newPhoto
  }
```

ここで、新しい入力型を使用してミューテーションを実行します。

```
mutation newPhoto($input: PostPhotoInput!) {
  postPhoto(input:$input) {
    id
    name
    url
    description
    category
  }
}
```

また、ミューテーション送信する際、Query Variablesパネルに対応するJSONを入力しておく必要があります。

```
{
  "input": {
    "name": "sample photo A",
    "description": "A sample photo for our dataset"
 }
}
```

カテゴリが指定されていない場合はPORTRAITが指定されたものとみなされます。categoryに値が指定されている場合、オペレーションがサーバーに送信される前に列挙型に対してバリデーションされます。有効なカテゴリの場合は引数としてリゾルバに渡されます。

入力型を使用すると、ミューテーションに渡す引数の再利用性が高まり、エラーが起こりにくくなります。入力型と列挙型を組み合わせる場合、特定のフィールドに指定できる入力型をより具体的に指定できます。入力型と列挙型は非常に価値があり、一緒に使用するとさらに向上します。

5.2.4 エッジと接続

先に説明したように、GraphQLの強みはエッジ、つまりデータ間の接続にあります。

GraphQLサーバーを立ち上げると、型はモデルにマッピングされます。これらの型は、同じようなデータのテーブルに保存されると考えてください。そこから、型と接続をリンクします。型間の相互接続関係を定義するために使用できる接続の種類を調べてみましょう。

5.2.4.1 一対多の接続

ユーザーは以前投稿した写真のリストにアクセスできる必要があります。このデータにはpostedPhotoというフィールドからアクセスできます。postedPhotoは、ユーザーが投稿した写真のフィルタリングされたリストに解決されます。1人のUserが多数のPhotosを投稿できるので、これを**一対多の関係**と呼びます。typeDefsにUserを追加してみましょう。

```
type User {
  githubLogin: ID!
  name: String
  avatar: String
  postedPhotos: [Photo!]!
}
```

Userを追加することで有向グラフが作成されました。User型からPhoto型を走査できます。無向グラフを作成するには、Photo型からUser型に戻る方法を提供する必要があります。Photo型にpostedByフィールドを追加します。

```
type Photo {
  id: ID!
  url: String!
  name: String!
  description: String
  category: PhotoCategory!
  postedBy: User!
}
```

postedByフィールドを追加することで、Photoを投稿したUserへのリンクを作成し、無向グラフを作成しました。1人のUserだけが1枚の写真を投稿できるので、これは**一対一の接続**です。

ユーザーのサンプル

サーバーをテストするためにサンプルデータをindex.jsに追加しましょう。空の配列が代入されているphotos変数を削除することを忘れないようにしてください。

```
var users = [
  { "githubLogin": "mHattrup", "name": "Mike Hattrup" },
  { "githubLogin": "gPlake", "name": "Glen Plake" },
  { "githubLogin": "sSchmidt", "name": "Scot Schmidt" }
]

var photos = [
  {
    "id": "1",
    "name": "Dropping the Heart Chute",
    "description": "The heart chute is one of my favorite chutes",
    "category": "ACTION",
    "githubUser": "gPlake"
  },
  {
    "id": "2",
    "name": "Enjoying the sunshine",
    "category": "SELFIE",
    "githubUser": "sSchmidt"
  },
  {
    "id": "3",
    "name": "Gunbarrel 25",
    "description": "25 laps on gunbarrel today",
    "category": "LANDSCAPE",
    "githubUser": "sSchmidt"
  }
]
```

接続はオブジェクト型のフィールドを使用して作成されるため、リゾルバ関数にマッピングできます。これらの関数の内部では、親に関する詳細を使用して接続されたデータを取得して返すことができます。

postedPhotoリゾルバとpostedByリゾルバをサービスに追加しましょう。

```
const resolvers = {
  ……
  Photo: {
    url: parent => `http://yoursite.com/img/${parent.id}.jpg`,
    postedBy: parent => {
      return users.find(u => u.githubLogin === parent.githubUser)
    }
  },
  User: {
    postedPhotos: parent => {
      return photos.filter(p => p.githubUser === parent.githubLogin)
    }
  }
}
```

PhotoリゾルバにpostedByのフィールドを追加する必要があります。このリゾルバ中での接続されたデータの取得方法は実装者に委ねられています。配列の.find()メソッドを使用すると、各写真に保存されているgithubUserの値とgithubLoginの値が一致するユーザーを取得できます。.find()メソッドは単一のユーザーオブジェクトを返します。

Userリゾルバでは、配列の.filter()メソッドを使用してユーザーが投稿した写真のリストを取得します。このメソッドは、親ユーザーgithubLogin値と一致するgithubUser値を含む写真のみの配列を返します。filterメソッドは写真の配列を返します。

では、allPhotoクエリを送信してみましょう。

```
query photos {
  allPhotos {
    name
    url
    postedBy {
      name
    }
  }
}
```

各写真を検索すると、その写真を投稿したユーザーを検索できます。ユーザーオブジェクトが検出され、リゾルバによって返されています。この例では、写真を投稿したユーザーの名前のみを選択しています。サンプルデータからは次のJSONが返されるはずです。

```
{
  "data": {
    "allPhotos": [
      {
        "name": "Dropping the Heart Chute",
        "url": "http://yoursite.com/img/1.jpg",
        "postedBy": {
          "name": "Glen Plake"
        }
      },
      {
        "name": "Enjoying the sunshine",
        "url": "http://yoursite.com/img/2.jpg",
        "postedBy": {
          "name": "Scot Schmidt"
        }
      },
      {
        "name": "Gunbarrel 25",
        "url": "http://yoursite.com/img/3.jpg",
        "postedBy": {
          "name": "Scot Schmidt"
        }
      }
    ]
  }
}
```

データをリゾルバに接続する必要はありますが、接続されたデータの返却が実現すれば、クライアントは表現力の高いクエリ利用できるようになります。次の節では、多対多の接続を作成するテクニックをいくつか紹介します。

5.2.4.2 多対多のコネクション

次に追加するのは、写真に写っているユーザーにタグを付ける機能です。これは、Userが多くの異なる写真にタグ付けされ、Photoが多くの異なるユーザーにタグ付けされることを意味します。ユーザーと写真の間にフォトタグによって作成される関係は、**多対多**すなわち多数のユーザーと多数の写真の関係です。

多対多の関係を橋渡しするため、PhotoにtaggedUserフィールドを追加し、UserにinPhotoフィールドを追加します。以下のように型定義を修正しましょう。

```
type User {
  ……
  inPhotos: [Photo!]!
}

type Photo {
  ……
  taggedUsers: [User!]!
}
```

taggedUserフィールドはタグ付けされているユーザーのリストを返し、inPhotoフィールドはユーザーが写っている写真のリストを返します。この多対多の接続を橋渡しするにはtagsの配列が必要です。タグ機能をテストするためにタグのサンプルデータも追加しましょう。

```
var tags = [
  { "photoID": "1", "userID": "gPlake" },
  { "photoID": "2", "userID": "sSchmidt" },
  { "photoID": "2", "userID": "mHattrup" },
  { "photoID": "2", "userID": "gPlake" }
]
```

写真がある場合は、データセットを検索して写真にタグ付けされているユーザーを見つける必要があります。ユーザーがいる場合、そのユーザーが表示される写真のリストを取得する必要がありますが、その方法は実装者に委ねられます。この写真共有サービスではデータは配列に格納されているため、リゾルバ内で配列メソッドを使用してデータを検索します。

```
Photo: {
  ……
  taggedUsers: parent => tags

      // 対象の写真が関係しているタグの配列を返す
      .filter(tag => tag.photoID === parent.id)

      // タグの配列をユーザーIDの配列に変換する
      .map(tag => tag.userID)

      // ユーザーIDの配列をユーザーオブジェクトの配列に変換する
      .map(userID => users.find(u => u.githubLogin === userID))
```

```
  },
  User: {
    ......
    inPhotos: parent => tags

        // 対象のユーザーが関係しているタグの配列を返す
        .filter(tag => tag.userID === parent.id)

        // タグの配列を写真IDの配列に変換する
        .map(tag => tag.photoID)

        // 写真IDの配列を写真オブジェクトの配列に変換する
        .map(photoID => photos.find(p => p.id === photoID))

  }
```

taggedUserフィールドリゾルバは、対象の写真以外の写真を除外し、フィルタリングされたリストを実際のUserオブジェクトの配列にマッピングします。inPhotoフィールドリゾルバはユーザーごとにタグをフィルタリングし、ユーザータグを実際のPhotoオブジェクトの配列にマッピングします。

GraphQLクエリを送信することで、すべての写真でどのユーザーがタグ付けされているかを確認できるようになりました。

```
query listPhotos {
  allPhotos {
    url
    taggedUsers {
      name
    }
  }
}
```

すでにお気づきかもしれませんが、tags配列があるのに対してTagというGraphQL型はありません。GraphQLではデータモデルがスキーマの型と正確に一致している必要はありません。私たちのクライアントはUser型またはPhoto型について問い合わせることで、あらゆる写真の中でタグ付けされたユーザーと、あらゆるユーザーがタグ付けされている写真を見つけることができます。Tag型をクエリする必要はありません。クライアントがデータを簡単に照会できるようにするために、タグ付けされたユーザーや写真を見つけるリゾルバを実装したのです。

5.2.5 カスタムスカラー型

「4章 スキーマの設計」で説明したように、GraphQLには、任意のフィールドで使用できるデフォルトのスカラー型が用意されています。Int、Float、String、Boolean、IDなどのスカラー型があり、ほとんどの状況ではこれで事足りますが、データ要件によってはカスタムスカラー型を作成する必要があります。

カスタムスカラー型を実装する場合には、型のシリアライズとバリデーションに関するルールを作成する必要があります。例えば、DateTime型を作成する場合、有効なDateTimeとみなすべきものを定義する必要があります。

このカスタムDateTimeスカラーを型定義に追加し、Photo型のcreatedフィールドで使用します。createdフィールドには、その写真が投稿された日時が格納されます。

```
const typeDefs = `
  scalar DateTime
  type Photo {
    ......
    created: DateTime!
  }
  ......
`
```

スキーマ内のすべてのフィールドはリゾルバにマップする必要があるのでした。createdフィールドもDateTime型のリゾルバにマップする必要があります。JavaScriptのDate型としてこのスカラーを使用するすべてのフィールドを解析および検証するため、DateTime用のカスタムスカラー型を作成しました。

日付と時刻を文字列として表すさまざまな方法を考えてみましょう。これらの文字列はすべて有効な日付を表します。

- 4/18/2018
- 4/18/2018 1:30:00 PM
- Sun Apr 15 2018 12:10:17 GMT-0700 (PDT)
- 2018-04-15T19:09:57.308Z

JavaScriptでdatetimeオブジェクトを作成するには、これらの文字列のうちいずれかを使用します。

```
var d = new Date(`4/18/2018`)
```

```
console.log( d.toISOString() )
// `2018-04-18T07:00:00.000Z`
```

ここでは、例にあげたうちのひとつのフォーマットを使用して新しい日付オブジェクトを作成し、そのdatetime文字列をISOフォーマットの日時文字列に変換しました。

JavaScriptのDateオブジェクトが解釈できないものは無効です。次の文字列はパースを試みると失敗します。

```
var d = new Date(`Tuesday March`)
console.log( d.toString() )
// `Invalid Date`
```

写真のcreatedフィールドについて問い合わせると、ISO日時フォーマットの文字列が返されるようにしたいです。フィールドが日付の値を返すたびに、その値をISO形式の文字列としてシリアライズします。

```
const serialize = value => new Date(value).toISOString()
```

serialize関数はオブジェクトからフィールド値を取得し、そのフィールドにJavaScriptオブジェクトまたは有効なdatetime文字列としてフォーマットされた日付が含まれている場合、ISOのdatetimeフォーマットの文字列を返します。

カスタムスカラーはクエリの引数としても使用できます。allPhotoクエリ用のフィルターを作成したとします。このクエリを送信すると、特定の日付以降に撮影された写真のリストが返ってきます。

```
type Query {
  ……
  allPhotos(after: DateTime): [Photo!]!
}
```

このフィールドがあれば、クライアントはDateTime値を含むクエリを送信できます。

```
query recentPhotos(after:DateTime) {
  allPhotos(after: $after) {
    name
    url
  }
}
```

そして、クエリ変数を使って$after引数を送ります。

```
{
```

```
    "after": "4/18/2018"
  }
```

after引数がリゾルバに渡る前に、JavaScriptのDateオブジェクトにパースされるようにしましょう。

```
const parseValue = value => new Date(value)
```

parseValue関数を使うと、クエリとともに送られてくる文字列の値をパースできます。parseValueが返す値は、リゾルバ引数に渡されます。

```
const resolvers = {
  Query: {
    allPhotos: (parent, args) => {
      args.after // JavaScriptのDateオブジェクト
      ……
    }
  }
}
```

カスタムスカラーは、日付値をシリアライズおよびパースできる必要があります。そして、日付文字列を処理する必要がある場所がもうひとつあります。クライアントがクエリに日付文字列を直接追加する場合です。

```
query {
  allPhotos(after: `4/18/2018`) {
    name
    url
  }
}
```

after引数がクエリ変数として渡されていません。代わりに、クエリドキュメントに直接追加されています。この値をパースするためには、クエリから抽象構文木（Abstract Syntax Tree：AST）でパースされた値を取得する必要があります。parseLiteral関数を使用して、これらの値をクエリドキュメントから取得します。

```
const parseLiteral = ast => ast.value
```

parseLiteral関数は、クエリドキュメントに直接追加された日付の値を取得するために使用します。ここで最低限必要なことはその値を返すことだけですが、必要に応じ、この関数内で追加のパースを行うこともできます。

カスタムスカラーを作成し、DateTime値を処理するためにはこれら3つの関数がすべて必要です。カスタムDateTimeスカラーのリゾルバをコードに追加します。

```
const { GraphQLScalarType } = require(`graphql`)
……
const resolvers = {
  Query: { …… },
  Mutation: { …… },
  Photo: { …… },
  User: { …… },
  DateTime: new GraphQLScalarType({
    name: `DateTime`,
    description: `A valid date time value.`,
    parseValue: value => new Date(value),
    serialize: value => new Date(value).toISOString(),
    parseLiteral: ast => ast.value
  })
}
```

GraphQLScalarTypeオブジェクトを使用して、カスタムスカラー用のリゾルバを作成します。DateTimeリゾルバはリゾルバのリストの中に配置されます。新しいスカラー型を作成する場合、3つの関数、serialize、parseValue、parseLiteralを追加する必要があります。これらは、DateTypeスカラーを実装するフィールドまたは引数を処理します。

日付のサンプル

データには、createdキーと2つの既存の写真の日付も必ず追加しましょう。作成されたフィールドは返される前にシリアライズされるため、有効な日付文字列または日付オブジェクトはすべて機能します。

```
var photos = [
  {
    ……
    "created": "3-28-1977"
  },
  {
    ……
    "created": "1-2-1985"
  },
```

```
    {
      ......
      "created": "2018-04-15T19:09:57.308Z"
    }
  ]
```

これで、選択セットにDateTimeフィールドを追加すると、これらの日付と型がISO日付文字列としてフォーマットされて表示されるようになりました。

```
query listPhotos {
  allPhotos {
    name
    created
  }
}
```

あとは、各写真が投稿されたときにタイムスタンプを追加するだけです。そのためには、すべての写真にcreatedフィールドを追加し、JavaScriptのDateオブジェクトを使って現在のDateTimeでタイムスタンプを付加します。

```
postPhoto(parent, args) {
  var newPhoto = {
    id: _id++,
    ...args.input,
    created: new Date()
  }
  photos.push(newPhoto)
  return newPhoto
}
```

これで、新しい写真が投稿されると、作成された日時のタイムスタンプが追加されるようになりました。

5.3 apollo-server-express

Apollo Serverを既存のアプリケーションに追加したり、Expressミドルウェアを利用したくなることがあるかもしれません。その場合は、apollo-server-expressを使うことを検討するとよいでしょう。Apollo Server ExpressではApollo Serverの最新機能をすべて使用でき、さらに詳細な設定も可能です。ここでは、Apollo Server Expressを使用するようにサーバーをリファクタリングして、カスタムホームルート、プレイグラウンドルートを設定し、後でアップロードした画像をサーバーに保存できるようにします。

まずapollo-serverを削除することから始めましょう。

```
npm remove apollo-server
```

次に、Apollo Server ExpressとExpressをインストールしましょう。

```
npm install apollo-server-express express
```

Express

ExpressはNode.jsエコシステムで最も人気のあるプロジェクトのひとつです。Expressを使えばWebアプリケーションを素早く効率的に実装できます。

index.jsを書き換えていきましょう。まず、requireステートメントでapollo-server-expressとexpressを読み込みます。

```
// 1. apollo-server-expressとexpressを読み込む
const { ApolloServer } = require(`apollo-server-express`)
const express = require(`express`)

......

// 2. express()を呼び出し Express アプリケーションを作成する
var app = express()

const server = new ApolloServer({ typeDefs, resolvers })

// 3. applyMiddleware()を呼び出しExpressにミドルウェアを追加する
server.applyMiddleware({ app })

// 4. ホームルートを作成する
app.get(`/`, (req, res) => res.end(`Welcome to the PhotoShare API`))

// 5. 特定のポートでリッスンする
app.listen({ port: 4000 }, () =>
  console.log(`GraphQL Server running @ http://localhost:4000${server.
graphqlPath}`)
)
```

Expressを用いて、フレームワークが提供するミドルウェア機能をすべて利用できます。`express`関数を呼び出し、`applyMiddleware`を呼び出すだけでミドルウェアをサーバーに組み込んでカスタムルートを設定できます。`http://localhost:4000`へアクセスすると、`Welcome to the PhotoShare API`というページが表示されるはずです。

次に、GraphQL Playgroundを`http://localhost:4000/playground`で実行するためのカスタムルートを設定します。カスタムルートの設定にはヘルパーパッケージが必要になります。まず、パッケージ`graphql-playground-middleware-express`をインストールします。

```
npm install graphql-playground-middleware-express
```

次に、このパッケージを`index.js`の先頭で`require`します。

```
const expressPlayground = require(`graphql-playground-middleware-
express`).default

......

app.get(`/playground`, expressPlayground({ endpoint: `/graphql` }))
```

次に、ExpressでPlayground用のルートを作ります。これで`http://localhost:4000/playground`にアクセスすればいつでもPlaygroundを利用できるようになりました。

ここまでで、Apollo Server Expressがセットアップされ、3つのルートが使用できる状態になっています。

- `/`——ホームページ
- `/graphql`——GraphQLのエンドポイント
- `/playground`——GraphQL Playground

それでは、`typeDef`と`resolver`を個別のファイルに切り出して、`index.js`を整理しましょう。

まず、`typeDefs.graphql`というファイルを作成し、プロジェクトのルートに配置します。これは単なるスキーマでテキストです。また、リゾルバを`resolvers`フォルダに移動しましょう。これらの関数は`index.js`に含めることもできます。あるいは、リゾルバファイルをモジュール化することもできます（サンプルは本書のGitHubリポジトリ

https://github.com/MoonHighway/learning-graphql/tree/master/chapter-05/photo-share-api/resolversにあります)。

モジュール化すると、次のようにtypeDefsとresolversをインポートできます。ここではNode.jsのfsモジュールを使用してtypeDefs.graphqlを読み込みます。

```
const { ApolloServer } = require(`apollo-server-express`)
const express = require(`express`)
const expressPlayground = require(`graphql-playground-middleware-
express`).default
const { readFileSync } = require(`fs`)

const typeDefs = readFileSync(`./typeDefs.graphql`, `UTF-8`)
const resolvers = require(`./resolvers`)

var app = express()

const server = new ApolloServer({ typeDefs, resolvers })

server.applyMiddleware({ app })

app.get(`/`, (req, res) => res.end(`Welcome to the PhotoShare API`))
app.get(`/playground`, expressPlayground({ endpoint: `/graphql` }))

app.listen({ port: 4000 }, () =>
  console.log(`GraphQL Server running at http://localhost:4000${server.
graphqlPath}`)
)
```

サーバーのリファクタリングが完了したので、データベースとの統合に進みましょう。

5.4 コンテキスト

ここでは、**コンテキスト**について解説します。コンテキストはどのリゾルバもアクセスできるグローバルな値を格納できる場所です。コンテキストは、認証情報、データベースの詳細、ローカルデータキャッシュ、その他GraphQLオペレーションのために必要なものを保管するのに適した場所です。

リゾルバからREST APIとデータベースを直接呼び出すこともできますが、通常はそのロジックをコンテキスト上に配置するオブジェクトに抽象化し、関心事を分離して、後で簡単にリファクタリングできるようにします。コンテキストを使用してApolloデータソースからRESTデータにアクセスすることもできます。詳細については、ドキュメント（http://bit.ly/2vac9ZC）のApollo Data Sourcesを参照してください。

現在の実装上の制限のいくつかを解消するために、コンテキストを組み込みます。初めに、データをメモリに保存していますが、これは拡張性の高いやり方ではありません。また、ミューテーションごとに変数をインクリメントさせるやり方でIDの生成を行っています。代わりに、データベースを利用してデータの保存とID生成を行うことにします。リゾルバはコンテキストを通じてデータベースにアクセスできます。

5.4.1 MongoDBのインストール

GraphQLはデータベースに依存しません。PostgreSQL、MongoDB、SQL Server、Firebase、MySQL、Redis、Elasticなど、なんでも好きなものを使うことができます。ここでは、アプリケーションのデータ保存先として、Node.jsコミュニティで人気があるMongoDBを使用します。

MacでMongoDBを使い始めるには、Homebrewを使います。Homebrewのインストール方法はhttps://brew.sh/を参照してください。Homebrewをインストールしたら、次のコマンドを実行してMongoDBをインストールします。

```
brew install mongo
brew services list
brew services start mongodb
```

MongoDBが正常に起動したら、データの読み込みとローカルMongoDBインスタンスへの書き込みができるようになります。

Windowsユーザーの方へ

MongoDBをWindows上で実行する方法についてはhttp://bit.ly/inst-mdb-windowsを参照してください。

また、**図5-1**で示したMongoDB AtlasなどのオンラインのMongoDBサービスを利用することもできます。サンドボックスデータベースは無料で作成できます。

図5-1 MongoDB Atlas

5.4.2 コンテキストへのデータベースの追加

次に、データベースに接続してコンテキストにコネクションを追加します。データベースとの通信には`mongodb`というパッケージを使います。`npm install mongodb`コマンドを使ってインストールします。

`mongodb`をインストールしたら、Apollo Serverの設定ファイル`index.js`を修正します。サービスを開始するには、`mongodb`がデータベースに正常に接続できるまで待つ必要があります。また、`DB_HOST`という環境変数からデータベースのホスト情報を取り出す必要があります。環境変数はプロジェクトのルートにある`.env`というファイルで設定できます。

ローカルでMongoDBを使っている場合、URLは次のようになります。

```
DB_HOST=mongodb://localhost:27017/<Your-Database-Name>
```

サービスを開始する前に、データベースに接続してコンテキストオブジェクトを作成しましょう。また、`dotenv`パッケージを使用して`DB_HOST`URLを読み込みます。

```
const { MongoClient } = require(`mongodb`)
require(`dotenv`).config()

……

// 1. 非同期関数を作成
async function start() {
  const app = express()
```

```
    const MONGO_DB = process.env.DB_HOST

    const client = await MongoClient.connect(
      MONGO_DB,
      { useNewUrlParser: true }
    )
    const db = client.db()

    const context = { db }

    const server = new ApolloServer({ typeDefs, resolvers, context })

    server.applyMiddleware({ app })

    app.get(`/`, (req, res) => res.end(`Welcome to the PhotoShare API`))

    app.get(`/playground`, expressPlayground({ endpoint: `/graphql` }))

    app.listen({ port: 4000 }, () =>
      console.log(
        `GraphQL Server running at http://localhost:4000${server.graphqlPath}`
      )
    )
  }

  // 5. start関数を実行
  start()
```

start関数でデータベースに接続します。データベースへの接続は非同期に実行されます。データベースに接続するにはしばらく時間がかかります。awaitキーワードを使うことで、非同期処理内において処理が終わるのを待つことができます。この関数で最初に行うことは、ローカルデータベースまたはリモートデータベースへの接続が成功するまで待機することです。データベースに接続できたら、その接続をコンテキストオブジェクトに追加してサーバーを起動します。

これで、クエリリゾルバを変更して、ローカル配列の代わりにMongoDBコレクションから情報を返すことができます。また、totalUserとallUserのクエリを追加し、それらをスキーマに追加します。

スキーマ

```
type Query {
  ......
  totalUsers: Int!
  allUsers: [User!]!
}
```

リゾルバ

```
Query: {

  totalPhotos: (parent, args, { db }) =>
      db.collection(`photos`)
        .estimatedDocumentCount(),

  allPhotos: (parent, args, { db }) =>
    db.collection(`photos`)
      .find()
      .toArray(),

  totalUsers: (parent, args, { db }) =>
    db.collection(`users`)
      .estimatedDocumentCount(),

  allUsers: (parent, args, { db }) =>
    db.collection(`users`)
      .find()
      .toArray()

}
```

`db.collection("photos")`はMongoDBコレクションにアクセスする方法です。コレクション内のドキュメントは、`estimatedDocumentCount()`でカウントできます。コレクション内のすべてのドキュメントを取得し、それらを`.find().toArray()`で配列に変換できます。この時点では`photos`コレクションは空ですが、コードは動作します。`totalPhoto`リゾルバと`totalUser`リゾルバは何も返さず、`allPhoto`リゾルバと`allUser`リゾルバは空の配列を返す必要があります。

写真をデータベースに追加するには、ユーザーがログインしている必要があります。次の節では、GitHubでユーザーを認証し、最初の写真をデータベースに投稿する処理を行います。

5.5 GitHub認可

ユーザーの認可と認証は、あらゆるアプリケーションで重要な要素です。これを実現するために使用できる戦略がいくつかあります。ソーシャル認可は、アカウント管理に関して大部分をソーシャルプロバイダに委ねられるため人気があります。また、ソーシャルプロバイダはユーザーがすでに信頼して利用しているサービスであるはずなので、ユーザーがログインする際の心理的障壁も下げることができます。この本を読んでいる人はGitHubアカウントをすでに持っている可能性が高いと思われる（持っていない場合もアカウントはすぐに取得できます）ので、このアプリケーションはGitHub認可を用いて実装します[*1]。

5.5.1 GitHub OAuthのセットアップ

初めに、このアプリが動作するようにGitHub認可を設定する必要があります。これを行うには、次の手順に従います。

1. https://www.github.comに移動してログインします。
2. アカウントのプルダウンメニューから[Settings]に移動します。
3. [Developer settings]に移動します。
4. [OAuth Apps]をクリックします。
5. **図5-2**のように、次の設定を追加します。

    Application name

    Localhost 3000

    Homepage URL

    http://localhost:3000

    Application description

    All authorizations for local GitHub Testing

    Authorization callback URL

    http://localhost:3000

*1 GitHubアカウントはこちらから作成できます（https://www.github.com）。

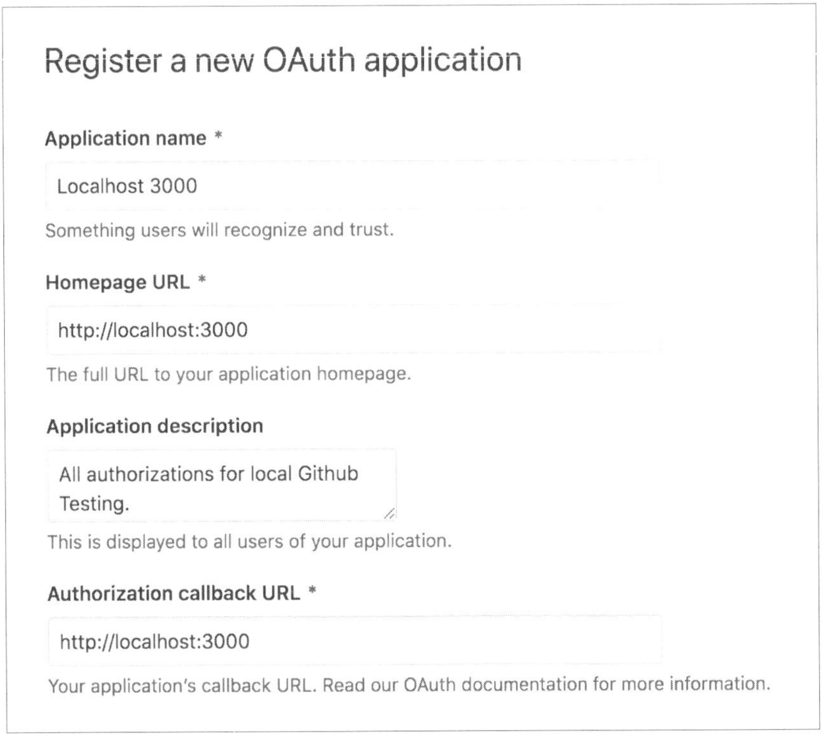

Register a new OAuth application

Application name *

Localhost 3000

Something users will recognize and trust.

Homepage URL *

http://localhost:3000

The full URL to your application homepage.

Application description

All authorizations for local Github Testing.

This is displayed to all users of your application.

Authorization callback URL *

http://localhost:3000

Your application's callback URL. Read our OAuth documentation for more information.

図5-2 新規OAuthアプリケーション

6. [Register application]をクリックします。
7. **図5-3**で示すように、OAuthのアカウントページに行き、`client_id`と`client_secret`を取得します。

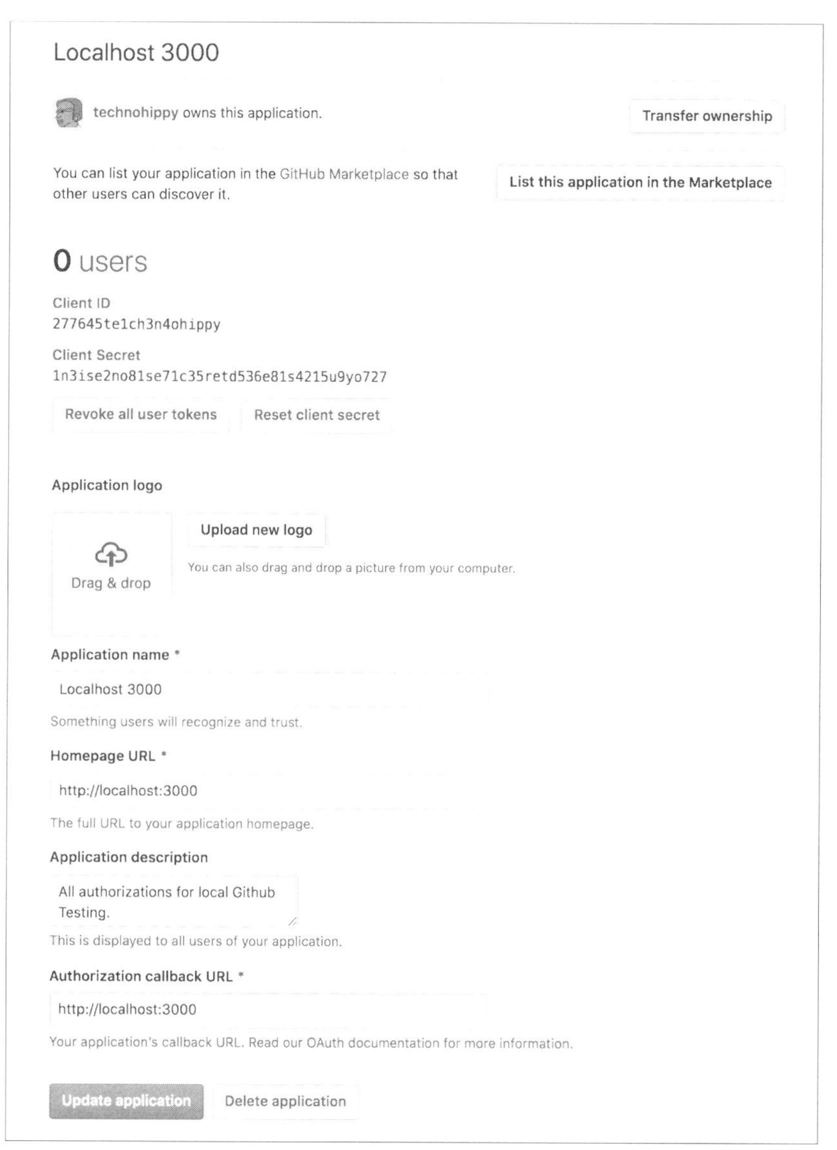

図5-3 OAuthアプリケーション設定

これで、GitHubからauthトークンとユーザー情報を取得できるようになりました。

5.5.2 認可プロセス

GitHubアプリを認可するプロセスは、クライアントとサーバーで行われます。ここではサーバーの処理方法について説明し、「6章 GraphQLクライアントの実装」でクライアントの実装について説明します。以下の**図5-4**に示すように、完全な認可プロセスは次のステップで行われます。太字のステップは、この章の説明中で、サーバーで何かが起きるということ表しています。

1. クライアント：GitHubに`client_id`を含むURLへコードを要求します。
2. ユーザー：クライアントアプリケーションがGitHub上のアカウント情報へアクセスすることを許可します。
3. GitHub：コードをOAuthのリダイレクトURLである`http://localhost:3000?code=XYZ`に送ります。
4. **クライアント**：GraphQLのミューテーション`githubAuth(code)`でcodeを送信します。
5. **API**：`client_id`、`client_secret`、`client_code`を用いてGitHub`access_token`を要求します。
6. **GitHub**：今後のリクエストで使うための`access_token`を返します。
7. **API**：`access_token`を用いてユーザー情報を要求します。
8. **GitHub**：ユーザー情報を返します（`name`、`githubLogin`、`avatar`）。
9. **API**：`authUser(code)`ミューテーションをトークンとユーザー情報を含む`AuthPayload`で解決します。
10. クライアント：今後のGraphQLリクエストで使用するトークンを保存します。

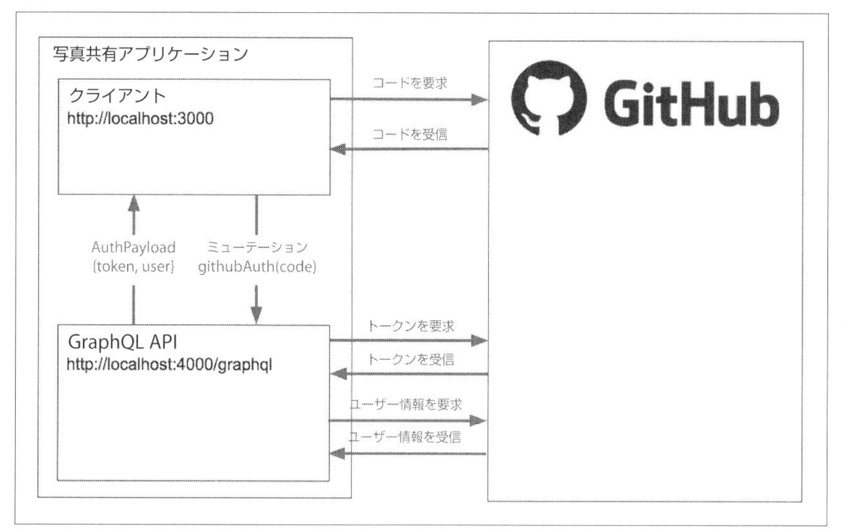

図5-4 認可プロセス

githubAuthミューテーションを実装するために、まず、認証コードを持っていると仮定します。コードを使用してトークンを取得した後、新しいユーザー情報とトークンをローカルデータベースに保存するとともにクライアントに返します。クライアントはトークンをローカルに保存し、リクエストごとにトークンを送信するようにします。トークンを使用してユーザーを認証し、ユーザーのデータレコードにアクセスします。

5.5.3 githubAuthミューテーション

GitHubのミューテーションを利用し、ユーザーの認証を扱います。「4章 スキーマの設計」では、AuthPayloadというスキーマ用のカスタムペイロード型を設計しました。typeDefsにAuthPayloadとgithubAuthミューテーションを追加してみましょう。

```
type AuthPayload {
  token: String!
  user: User!
}

type Mutation {
  ......
  githubAuth(code: String!): AuthPayload!
}
```

AuthPayload型は、認証ミューテーションのレスポンスとしてのみ使用されます。AuthPayload型には、今後のリクエストで自分自身を識別するために使うトークンと、認証されたユーザーの情報が含まれます。

githubAuthリゾルバを実装する前に、GitHub APIリクエストを処理する2つの関数を実装しましょう。

```
const requestGithubToken = credentials =>
  fetch(
    `https://github.com/login/oauth/access_token`,
    {
      method: `POST`,
      headers: {
        `Content-Type`: `application/json`,
        Accept: `application/json`
      },
      body: JSON.stringify(credentials)
    }
  )
  .then(res => res.json())
  .catch(error => {
    throw new Error(JSON.stringify(error))
  })
```

requestGithubToken関数はプロミスを返します。credentialsはPOSTリクエストのボディに含められ、GitHub APIのURLに送られます。credentialsはclient_id、client_secret、codeの3つで構成されていて、GitHub APIのレスポンスとしてJSONにパースされます。この関数とヘルパー関数はlib.jsファイルにあります（https://github.com/MoonHighway/learning-graphql/blob/master/chapter-05/photo-share-api/lib.js/）。

GitHubトークンを取得したら、ユーザーのアカウント情報にアクセスします。具体的には、GitHubへのログイン、名前、プロフィール写真を取得します。これらの情報を得るためには、前のリクエストから得たアクセストークンtokenとともに、別のリクエストをGitHub APIに送る必要があります。

```
const requestGithubUserAccount = token =>
  fetch(`https://api.github.com/user?access_token=${token}`)
    .then(toJSON)
    .catch(throwError)
```

この関数もまた、プロミスを返します。このGitHub APIでは、アクセストークンがある限りユーザーに関する情報を取得できます。

それでは、これらのリクエストをひとつの非同期関数にまとめてみましょう。

```
async authorizeWithGithub(credentials) {
  const { access_token } = await requestGithubToken(credentials)
  const githubUser = await requestGithubUserAccount(access_token)
  return { ...githubUser, access_token }
}
```

async/await構文を用いることで、複数の非同期リクエストを扱うことができます。最初にアクセストークンを要求し、応答を待ちます。続いて、受け取ったaccess_tokenを使ってGitHubのユーザーアカウント情報を要求し、応答を待ちます。データを取得したら、すべてをひとつのオブジェクトにまとめます。

リゾルバの機能をサポートするヘルパー関数を作成しました。GitHubからトークンとユーザーアカウントを取得するリゾルバを実際に書いてみましょう。

```
async githubAuth(parent, { code }, { db }) {

  // 1. GitHubからデータを取得する
  let {
    message,
    access_token,
    avatar_url,
    login,
    name
  } = await authorizeWithGithub({
    client_id: <YOUR_CLIENT_ID_HERE>,
    client_secret: <YOUR_CLIENT_SECRET_HERE>,
    code
  })

  // 2. メッセージがある場合は何らかのエラーが発生している
  if (message) {
    throw new Error(message)
  }

  // 3. データをひとつのオブジェクトにまとめる
  let latestUserInfo = {
    name,
    githubLogin: login,
```

```
      githubToken: access_token,
      avatar: avatar_url
    }

    // 4. 新しい情報をもとにレコードを追加したり更新する
    const { ops:[user] } = await db
      .collection(`users`)
      .replaceOne({ githubLogin: login }, latestUserInfo, { upsert: true })

    // 5. ユーザーデータとトークンを返す
    return { user, token: access_token }
  }
```

リゾルバは非同期にできます。レスポンスをクライアントに返す前に、非同期処理の完了を待つことができます。`githubAuth`リゾルバは非同期です。なぜなら、GitHubからの2つの応答を待たなければ返すべきデータが得られないからです。

GitHubからユーザーのデータを取得した後、ローカルデータベースをチェックして、ユーザーが過去にこのアプリケーションにサインインしたことがあるかどうかを確認します。ユーザーがアカウントを持っている場合は、GitHubから受け取った情報でアカウントの詳細を更新します。最後にログインしてから名前またはプロファイルの画像を変更した可能性があるからです。アカウントがない場合は、新しいユーザーをユーザーのコレクションに追加します。どちらの場合も、最後にこのリゾルバで取得した`user`と`token`を返します。

作成した認可プロセスを試してみましょう。そのためには認可コードが必要です。コードを取得するには、次のURLにクライアントIDを付加する必要があります。

```
https://github.com/login/oauth/authorize?client_id=YOUR-ID-HERE&scope=user
```

GitHub `client_id`のURLを新しいブラウザウィンドウのロケーションバーに貼り付けます。GitHubのナビゲーションに従ってアプリケーションを認可してください。アプリケーションを認可すると、GitHubはコードをパラメータに追加した上で、`http://localhost:3000`にリダイレクトさせます。

```
http://locahost:3000?code=XYZ
```

コードが`XYZ`だと仮定します。ブラウザのURLからコードをコピーして、`githubAuth`ミューテーションを送信します。

```
mutation {
```

```
  githubAuth(code:`XYZ`) {
    token
    user {
      githubLogin
      name
      avatar
    }
  }
}
```

このミューテーションは、現在のユーザーを認可し、そのユーザーに関する情報とともにトークンを返します。今後のリクエストではヘッダーにトークンを格納して送る必要があります。

Bad Credentials

`Bad Credentials`というエラーが表示された場合、GitHub APIに送られたクライアントID、クライアントシークレット、コードのいずれかが誤っています。クライアントIDとクライアントシークレットを再度確認してください。多くの場合、エラーの原因はコードにあります。

GitHubコードは限られた期間しか利用できず、一度しか使えません。認証情報が要求された後、リゾルバにバグがあるなどして処理に失敗すると、要求で使用されたコードは無効になります。その場合はGitHubから新しいコードを取得してください。

5.5.4 ユーザーの認証

今後のリクエストでの認証には、`Authorization`ヘッダーにあるすべてのリクエストとともにトークンを送信する必要があります。このトークンは、データベースレコードを検索してユーザーを識別するために使用されます。

GraphQL Playgroundには、各リクエストにヘッダーを追加できる機能があります。右下の`Query Variables`のすぐ横に`HTTP Headers`というタブがあります。このタブを使用し、ヘッダーをJSONの形で入力するだけでリクエストにHTTPヘッダーを追加できます。

```
{
  "Authorization": "<YOUR_TOKEN>"
}
```

<YOUR_TOKEN>をgithubAuthミューテーションで返ってきたトークンに置き換えてください。ここでは、各GraphQLリクエストとともにIDのキーを送信します。このキーを使用してアカウントを検索し、コンテキストに追加します。

5.5.4.1 meクエリ

ここから、自分自身のユーザー情報を参照するクエリを作成します。このクエリは、リクエストのHTTPヘッダーで送信されたトークンに基づいて、現在ログインしているユーザーの情報を返します。現在どのユーザーとしてもログインしていない場合、クエリはnullを返します。

初めに、クライアントがGraphQLクエリmeでAuthorization: tokenを送信します。次に、APIはAuthorizationヘッダーを取得し、トークンを使用してデータベース内のユーザーレコードを検索します。このとき、取得したユーザーアカウントがコンテキストに追加されます。これにより、コンテキストを通してすべてのリゾルバがユーザーアカウントにアクセスできるようになります。

リクエストユーザーを特定し、コンテキストに配置する方法は実装者に委ねられています。まず、サーバーの構成を変更します。コンテキストオブジェクトの実装方法を変更する必要があります。オブジェクトの代わりに、関数を使用してコンテキストを処理します。

```
async function start() {
  const app = express()
  const MONGO_DB = process.env.DB_HOST

  const client = await MongoClient.connect(
    MONGO_DB,
    { useNewUrlParser: true }
  )

  const db = client.db()

  const server = new ApolloServer({
    typeDefs,
    resolvers,
    context: async ({ req }) => {
      const githubToken = req.headers.authorization
      const currentUser = await db.collection(`users`).findOne({ githubToken })
      return { db, currentUser }
    }
```

```
    })
    ......
}
```

コンテキストにはオブジェクトか関数を使用できます。このアプリケーションでは、リクエストのたびにコンテキストを設定できるようにコンテキストを関数にする必要があります。コンテキストが関数の場合、すべてのGraphQLリクエストに対してコンテキストが呼び出されます。この関数によって返されるオブジェクトはリゾルバに送られます。

コンテキスト関数では、リクエストから認証ヘッダーを読み込み、トークンをパースできます。トークンを取得したら、それを使用してデータベース内のユーザーを検索できます。ユーザーがいる場合はコンテキストに追加されます。そうでない場合、コンテキスト内のuserの値はnullになります。

コードを用意したら、meクエリを追加します。まずはtypeDefsを修正しましょう。

```
type Query {
  me: User
  ......
}
```

meクエリは、nullableなユーザー情報を返します。認可されているユーザーが見つからない場合は、nullが返されます。meクエリのリゾルバを追加しましょう。

```
const resolvers = {
  Query: {
    me: (parent, args, { currentUser }) => currentUser,
    ......
  }
}
```

ここまでで、トークンに基づいてユーザーを検索するという最も重要な実装を終えています。現時点では、コンテキストからcurrentUserオブジェクトを返すだけで、ユーザーがいない場合はnullを返します。

HTTP認証ヘッダーに正しいトークンが追加されている場合は、meクエリを送ることで、自分自身に関する詳細情報を取得できます。

```
query currentUser {
  me {
```

```
      githubLogin
      name
      avatar
    }
  }
```

このクエリを実行すると、ユーザーが識別されます。すべてが正常に動作していることを確認するには、許可ヘッダーなしで、または誤ったトークンを使用して、このクエリを実行するといいでしょう。トークンが間違っていたり、ヘッダーがない場合は、meクエリがnullを返すはずです。

5.5.4.2 postPhotoミューテーション

アプリケーションに写真を投稿するには、ユーザーがログインしている必要があります。postPhotoミューテーションは、コンテキストをチェックすることによって、ログインしているユーザーを識別できます。postPhotoミューテーションを修正しましょう。

```
  async postPhoto(parent, args, { db, currentUser }) {

    // 1. コンテキストにユーザーがいなければエラーを投げる
    if (!currentUser) {
      throw new Error(`only an authorized user can post a photo`)
    }

    // 2. 現在のユーザーのIDとphotoを保存する
    const newPhoto = {
      ...args.input,
      userID: currentUser.githubLogin,
      created: new Date()
    }

    // 3. 新しいphotoを追加して、データベースが生成したIDを取得する
    const { insertedIds } = await db.collection(`photos`).insert(newPhoto)
    newPhoto.id = insertedIds[0]

    return newPhoto
  }
```

postPhotoミューテーションで新しい写真をデータベースに保存するために、いくつかの修正を行いました。まず、コンテキストからcurrentUserを取得するように修

正しました。この値がnullの場合、エラーを投げ、postPhotoミューテーションがそれ以上実行されないようにします。写真を投稿するには、Authorizationヘッダーに正しいトークンを付けておく必要があります。

次に、現在のユーザーのIDをnewPhotoオブジェクトに追加します。これで、新しい写真レコードをデータベースのphotosコレクションに保存できます。MongoDBは保存するドキュメントごとに固有の識別子を作成します。新しい写真が追加されると、insertedIds配列を使用してその識別子を取得できます。写真を返す前に、一意の識別子があることを確認する必要があります。

Photoリゾルバも修正しましょう。

```
const resolvers = {
  ......
  Photo: {
    id: parent => parent.id || parent._id,
    url: parent => `/img/photos/${parent._id}.jpg`,
    postedBy: (parent, args, { db }) =>
      db.collection(`users`).findOne({ githubLogin: parent.userID })
}
```

まず、クライアントが写真のIDをリクエストした際に、正しい値を取得できるようにする必要があります。親の写真がまだIDを持っていない場合、親の写真のためにデータベースレコードが作成され、フィールド_idにIDを保存するようにします。写真のIDフィールドがデータベースのIDと一致するようにしなければなりません。

次に、これらの写真を同じWebサーバーから提供しているとします。写真のIDを使用して作成される相対パスによって写真のURLを取得できるようにします。

最後に、postedByリゾルバを変更して、データベースに写真を投稿したユーザーを検索する必要があります。親の写真parentが保持しているuserIDを使用して、データベース内のそのユーザーのレコードを検索できます。写真のuserIDはユーザーのgithubLoginと一致する必要があります。findOne()メソッドは、写真を投稿したユーザーのユーザーレコードを返す必要があります。

認可ヘッダーを設定して、新しい写真をGraphQLサービスに投稿してみましょう。

```
mutation post($input: PostPhotoInput!) {
  postPhoto(input: $input) {
    id
    url
    postedBy {
```

```
        name
        avatar
      }
    }
  }
```

写真を投稿した後、その写真を投稿したユーザーのnameとavatarに加えて、idとurlについて問い合わせることができます。

5.5.4.3 フェイクユーザーミューテーションの追加

自分以外のユーザーでアプリケーションをテストするために、random.me APIからフェイクユーザーをデータベースに追加できるようにするミューテーションを追加します。

addFakeUsersというミューテーションを作成しましょう。

```
type Mutation {
  addFakeUsers(count: Int = 1): [User!]!
  ……
}
```

count引数に追加するフェイクユーザーの数を取ります。このミューテーションは指定した数のフェイクユーザーを作成し、それらのユーザーのリストを返します。このユーザーリストには作成されたフェイクユーザーのアカウントが含まれています。デフォルトでは一度に1人のユーザーを追加しますが、このミューテーションを1以外のcountを指定して実行することで、より多くのフェイクユーザーを追加できます。

```
addFakeUsers: async (root, {count}, {db}) => {

  var randomUserApi = `https://randomuser.me/api/?results=${count}`

  var { results } = await fetch(randomUserApi)
    .then(res => res.json())

  var users = results.map(r => ({
    githubLogin: r.login.username,
    name: `${r.name.first} ${r.name.last}`,
    avatar: r.picture.thumbnail,
    githubToken: r.login.sha1
  }))
```

```
    await db.collection(`users`).insert(users)

    return users
  }
```

新しいユーザーの追加をテストするには、まずrandomuser.meからフェイクユーザーのデータを取得します。addFakeUsersは非同期関数で、そのデータを取得するために使用します。次にrandomuser.meから取得したデータをシリアライズし、スキーマに一致するユーザーオブジェクトを作成します。次に、作成した新しいユーザーをデータベースに追加し、そのユーザーのリストを返します。

ミューテーションで新しいユーザーをデータベースに取り込むことができるようになりました。

```
mutation {
  addFakeUsers(count: 3) {
    name
  }
}
```

このミューテーションにより、3人のフェイクユーザーがデータベースに追加されます。フェイクユーザーができたので、フェイクユーザーアカウントでサインインするミューテーションを作りましょう。Mutation型にfakeUserAuthを追加します。

```
type Mutation {
  fakeUserAuth(githubLogin: ID!): AuthPayload!
  ......
}
```

次に、フェイクユーザーを認証するために使用するトークンを返すリゾルバを追加しましょう。

```
async fakeUserAuth (parent, { githubLogin }, { db }) {

  var user = await db.collection(`users`).findOne({ githubLogin })

  if (!user) {
    throw new Error(`Cannot find user with githubLogin `${githubLogin}``)
  }

  return {
    token: user.githubToken,
```

```
      user
    }

  }
```

fakeUserAuthリゾルバは、ミューテーションの引数からgithubLoginを取得し、それを使用してデータベース内のユーザーを検索します。ユーザーを取得すると、ユーザーのトークンとユーザーアカウントがAuthPayload型の形で返されます。

これで、フェイクユーザーを認証できるようになりました。

```
mutation {
  fakeUserAuth(githubLogin:`jDoe`) {
    token
  }
}
```

返されたトークンを認証HTTPヘッダーに追加して、フェイクユーザーとして新しい写真を投稿してみましょう。

5.6 まとめ

おつかれさまです、無事写真共有サービスのGraphQLサーバーが構築できました。リゾルバの概念の理解から始まり、クエリとミューテーションを実装しました。GitHub認可を追加し、リクエストヘッダーに追加されるアクセストークンを使用して、ユーザーを識別する実装ができました。そして最後に、リゾルバのコンテキストからユーザーを取得し、ユーザーが写真を投稿できるように改良しました。

この章で構築したサービスの完成版は、本書のリポジトリ（https://github.com/MoonHighway/learning-graphql/tree/master/chapter-05/photo-share-api/）にあります。このアプリケーションを動作させるには、接続するデータベースの情報やGitHub OAuth認証情報が必要です。.envという名前の新しいファイルをプロジェクトのルートに追加して、これらの環境変数の情報を書き加えてください。

```
DB_HOST=<YOUR_MONGODB_HOST>
CLIENT_ID=<YOUR_GITHUB_CLIENT_ID>
CLIENT_SECRET=<YOUR_GITHUB_CLIENT_SECRET>
```

.envファイルを用意した後、yarnまたはnpm installコマンドで依存ライブラリをインストールします。yarn startまたはnpm startコマンドでサービスを実行できます。サービスがポート4000で実行されると、http://localhost:4000/

playgroundを使用してクエリを送信できます。GitHubのコードをリクエストするには、http://localhost:4000のリンクをクリックします。ほかのクライアントからGraphQLエンドポイントにアクセスしたい場合は、http://localhost:4000/graphqlを使用してください。

「7章 GraphQLの実戦投入にあたって」では、このAPIを変更してサブスクリプションとファイルのアップロードを行う方法を説明します。しかしその前に、クライアントがこのAPIをどのように使用するかを解説する必要があります。「6章 GraphQLクライアントの実装」では、このサービスが動作するフロントエンドを構築する方法について説明します。

6章 GraphQLクライアントの実装

GraphQLサーバーを構築し終わったので、次にクライアント側のGraphQLを準備しましょう。簡単に言えば、クライアントはサーバーと通信する単なるアプリケーションです。GraphQLは柔軟なので、クライアントを構築するための決まりは特にありません。Webブラウザ上で動作するアプリを作成してもかまいませんし、スマートフォン上で動作するネイティブアプリを作成してもかまいません。冷蔵庫のスクリーン上で動作するGraphQLサービスを作成したってよいのです。また、どのような言語を使用しても問題ありません。

HTTPリクエストを送信することさえできれば、クエリとミューテーションを送信できます。どのようなクライアントでもサービスからデータを受け取ることさえできれば、自由にそのデータを利用できます。

6.1 GraphQL APIの利用

まずは、GraphQLエンドポイントにHTTPリクエストを送ってみましょう。「5章 GraphQLサーバーの実装」で作成したサーバーで試すので、サービスがローカルマシンのhttp://localhost:4000/graphqlで動作しているか確認してください。これらのサンプルはすべて本書のリポジトリ（https://github.com/MoonHighway/learning-graphql/tree/master/chapter-06）からリンクされているCodeSandboxでも動作を確認できます。

6.1.1 フェッチリクエスト

「3章 GraphQLの問い合わせ言語」で説明したとおり、GraphQLサービスにリクエストを送信するためにcURLを利用できます。以下のような値を指定するだけです。

- クエリ——`{totalPhotos, totalUsers}`

- GraphQLエンドポイント――`http://localhost:4000/graphql`
- コンテンツタイプ――`Content-Type: application/json`

ターミナル（コマンドプロンプト）からPOSTメソッドを使用してcURLリクエストを送信してみましょう。

```
curl -X POST \
     -H "Content-Type: application/json" \
     --data '{ "query": "{totalUsers, totalPhotos}" }' \
     http://localhost:4000/graphql
```

このリクエストを送信してターミナルに正しく結果が返されると、`{"data":{"totalUsers":7,"totalPhotos":4}}`というJSONデータが表示されるはずです。`totalUsers`と`totalPhotos`の値は、実際にはその時点でのデータが反映されたものになります。クライアントがシェルスクリプトなら、このようにcURLを使用したスクリプトを作成するといいでしょう。

cURLを利用できるということは、好きなものを使用してHTTPリクエストを送信してかまわないということです。`fetch`を使用すると、ブラウザ上で動作する簡単なクライアントを作成できます。

```
var query = `{totalPhotos, totalUsers}`
var url = 'http://localhost:4000/graphql'

var opts = {
  method: 'POST',
  headers: { 'Content-Type': 'application/json' },
  body: JSON.stringify({ query })
}

fetch(url, opts)
  .then(res => res.json())
  .then(console.log)
  .catch(console.error)
```

フェッチに成功すると、コンソールに期待どおりの結果が表示されるでしょう。

```
{
  "data": {
    "totalPhotos": 4,
    "totalUsers": 7
  }
```

```
}
```

このクライアントで得られた結果のデータを使用するアプリケーションを作成できます。基本的な例として、DOM上に直接totalUsersとtotalPhotosを追加する方法を確認してみましょう。

```
fetch(url, opts)
  .then(res => res.json())
  .then(({data}) => `
        <p>photos: ${data.totalPhotos}</p>
        <p>users: ${data.totalUsers}</p>
  `)
  .then(text => document.body.innerHTML = text)
  .catch(console.error)
```

結果をコンソールにログとして表示する代わりに、そのデータを使用してHTMLを構築します。そして、そのテキストをドキュメントのbodyに直接書き込みます。リクエスト完了後にbody内の任意の場所を上書きできることに注意してください。

自分の好きなクライアントでHTTPリクエストを送信する方法を知っているのであれば、任意のGraphQL APIと通信するクライアントアプリケーションを作成するために必要なツールはすでにそろっています。

6.1.2 graphql-request

cURLとfetchはいずれも問題なく使えますが、これら以外にもGraphQLオペレーションをAPIに送信するために利用できるフレームワークがいくつか存在します。その中で最も有名なものがgraphql-requestです。graphql-requestは、fetchリクエストをPromiseでラップして、GraphQLサーバーへのリクエストを送信します。また、リクエストの構築とデータのパースに関する細かい処理を引き受けます。

graphql-requestを使用する前に、まずインストールする必要があります。

```
npm install graphql-request
```

その後で、そのモジュールをrequestとしてインポートして使用します。写真アプリケーションサーバーはポート番号4000で起動してください。

```
import { request } from 'graphql-request'

var query = `
  query listUsers {
```

```
    allUsers {
      name
      avatar
    }
  }
`

request('http://localhost:4000/graphql', query)
  .then(console.log)
  .catch(console.error)
```

1行の`request`関数を呼び出すだけで、`url`と`query`を引数として受け取ってサーバーへのリクエストを構築して、結果のデータを返します。ここで返されるデータは期待したとおりに、すべてのユーザーが含まれているJSONレスポンスです。

```
{
  "allUsers": [
    { "name": "sharon adams", "avatar": "http://……" },
    { "name": "sarah ronau", "avatar": "http://……" },
    { "name": "paul young", "avatar": "http://……" },
  ]
}
```

クライアントの中でこのデータをそのまま利用できます。

`graphql-request`を使用すると、データを更新するためのミューテーションも送信できます。

```
import { request } from 'graphql-request'

var url = 'http://localhost:4000/graphql'

var mutation = `
  mutation populate($count: Int!) {
    addFakeUsers(count:$count) {
      id
      name
    }
  }
`

var variables = { count: 3 }
```

```
  request(url, mutation, variables)
    .then(console.log)
    .catch(console.error)
```

requestの関数は引数としてAPIのURL、ミューテーション、最後に変数を受け取ります。ここでいう変数はただのJavaScriptオブジェクトで、クエリ変数のフィールドと値として使用されます。requestを実行すると、addFakeUsersミューテーションを発行します。

graphql-requestと公式に統合されているUIライブラリやフレームワークはありませんが、組み合わせることは非常に簡単です。**例6-1**で示しているように、graphql-requestを使用し、Reactコンポーネントにデータを読み込ませてみましょう。

例6-1 GraphQLリクエストとReact

```
import React from 'react'
import ReactDOM from 'react-dom'
import { request } from 'graphql-request'

var url = 'http://localhost:4000/graphql'

var query = `
  query listUsers {
    allUsers {
      avatar
      name
    }
  }
`

var mutation = `
  mutation populate($count: Int!) {
    addFakeUsers(count:$count) {
      githubLogin
    }
  }
`

const App = ({ users=[] }) =>
  <div>
    {users.map(user =>
      <div key={user.githubLogin}>
```

```
        <img src={user.avatar} alt="" />
        {user.name}
      </div>
    )}
    <button onClick={addUser}>Add User</button>
  </div>

const render = ({ allUsers=[] }) =>
  ReactDOM.render(
    <App users={allUsers} />,
    document.getElementById('root')
  )

const addUser = () =>
  request(url, mutation, {count:1})
    .then(requestAndRender)
    .catch(console.error)

const requestAndRender = () =>
  request(url, query)
    .then(render)
    .catch(console.error)

requestAndRender()
```

ファイルの最初で、ReactとReactDOMの2つをインポートしています。次にAppコンポーネントを作成します。Appはプロパティとして与えられるusersを順にdiv要素にマップします。div要素にはユーザーのavatarプロパティとnameプロパティが含まれています。render関数は#root要素にAppを描画し、allUserをプロパティとして設定します。

それから、requestAndRenderでgraphql-requestからrequestを呼び出してクエリを発行し、受け取ったデータを元にrenderを呼び出して、Appコンポーネントにそのデータを設定します。

この小さなアプリはミューテーションも処理します。Appコンポーネントのボタンはo nClickイベントを受け取ってaddUser関数を呼び出します。この関数を実行すると、ミューテーションを送信した後でrequestAndRenderを呼び出し、サービスのユーザーを得るためにリクエストを発行して、そのユーザーリストを使用して<App />を再描画します。

以上でGraphQLを使用するアプリの構築を始める方法をいくつか確認しました。シェルスクリプトを使用することもできますし、`fetch`を利用するWebページを用いてもかまいません。`graphql-request`を使用するとアプリを少し早く構築できます。ここまでにすることもできますが、望むならさらに強力なGraphQLクライアントも利用できます。もう少し頑張ってみましょう。

6.2 Apollo Client

Representational State Transfer (REST)を使用する大きな利点は、簡単にキャッシュを利用できるようになることです。RESTを使用すると、リクエストのレスポンスデータをそのリクエストにアクセスするためのURLに対応づけてキャッシュに保存できます。RESTの場合、キャッシュについてはそれだけで済み、何も問題はありません。一方、GraphQLのキャッシュは少し面倒です。GraphQL APIには複数のルートはありません。すべては単一のエンドポイントに送られ、そこから結果を受け取ります。そのため、ルートから返されたデータを単純にリクエストに使用したURLに対応づけて保存することはできません。

安定感とパフォーマンスに優れたアプリケーションを構築するには、クエリとその結果オブジェクトをキャッシュする手段が欠かせません。常に高速で効率的なアプリの構築を目指すなら、ローカルにキャッシュする手段は必要不可欠です。そのようなものは自作することもできますし、既存の実績あるクライアントのいずれかを使用してもいいでしょう。

キャッシュに関するソリューションとして、今日利用できる最も有名なGraphQLクライアントは、RelayとApollo Clientです。RelayはFacebookが2015年にGraphQLと同時に公開したオープンソースで、FacebookがGraphQLを本番環境で使用して得られた知見がすべて盛り込まれています。しかし、Relayが対応しているのはReactとReact Nativeだけです。したがって、Reactを使用していない開発者が利用できるGraphQLクライアントを作成する手段が必要です。

そこでApollo Clientです。Apollo ClientはMeteor Development Groupによって提供されています。コミュニティによって支えられているプロジェクトで、柔軟なGraphQLクライアントソリューションの構築を目標としています。キャッシュやUIの楽観的更新などのタスクを処理することができます。React、Angular、Ember、Vue、iOS、Androidへのバインディングを実現するパッケージが開発チームによって提供されています。

すでにサーバー側でApolloチームが作成したツールをいくつか利用していますが、

Apollo Clientはクライアントからサーバーへのリクエストの送受信に焦点を当てています。Apollo Linkを使用するとネットワークリクエストを処理でき、Apollo Cacheを使用するとあらゆるキャッシュを処理できます。Apollo ClientはApollo LinkとApollo Cacheをラップしており、GraphQLサーバーとのすべてのやり取りを効率的に管理します。

本章の以降の部分では、Apollo Clientを詳細に紹介します。UIコンポーネントの作成にはReactを使用していますが、ここで紹介するテクニックの多くは別のライブラリやフレームワークを使用しているプロジェクトにも適用できます。

6.3 Apollo ClientとReact

Reactは登場当初からGraphQLと組み合わせて利用されてきたので、ここでもユーザーインターフェースライブラリとしてReactを選択しました。Reactそのものについて詳しく説明はしません。ReactはFacebookが作成したライブラリで、コンポーネントベースのアーキテクチャを使用してUIを構成します。これまで別のライブラリを主に使っていた人は、これ以降もまったくReactを使う予定はないかもしれませんが、それでもかまいません。次の節で説明する考え方はほかのUIフレームワークにも適用できるものです。

6.3.1 プロジェクトの準備

この章では、Apollo Clientを使用してGraphQLサービスと接続するReactアプリの作り方を紹介します。まず初めに`create-react-app`を使用してプロジェクトのフロントエンドの雛形を作成する必要があります。`create-react-app`を使用すると、設定を一切行うことなくReactプロジェクト全体を生成できます。これまで`create-react-app`を使ったことがない場合は、インストールが必要でしょう。

```
npm install -g create-react-app
```

インストールが終わると、次のコマンドを実行して開発機の任意の場所でReactプロジェクトを作成できます。

```
create-react-app photo-share-client
```

このコマンドは`photo-share-client`という名前のフォルダの中に、土台となるReactアプリケーションを新たに作成します。Reactアプリの作成を開始するために必要となるあらゆるものは、自動的にインストールして追加されます。アプリケーションを開始するには、photo-share-clientに移動してnpm startを実行してください。ブラウザが立ち上がりhttp://localhost:3000が表示されて、Reactクライアントアプリケーションが実行されているのを確認できるでしょう。この章に登場するすべてのファイルはhttp://github.com/moonhighway/learning-graphqlのリポジトリから手に入ることを覚えておいてください。

6.3.2 Apollo Clientの設定

Apolloツールを用いてGraphQLクライアントをビルドするには、いくつかのパッケージをインストールしておく必要があります。まず、graphqlが必要です。graphqlにはGraphQL言語のパーサーが含まれています。次に、apollo-boostというパッケージが必要です。Apollo BoostにはApollo Clientを作成して、オペレーションをクライアントに送信するために必要となるApolloパッケージが含まれています。最後に、react-apolloが必要です。React ApolloはApolloとやり取りするユーザーインターフェースを作成できるReactコンポーネントを含んだnpmライブラリです。

それではこれら3つのパッケージを同時にインストールしましょう。

```
npm install graphql apollo-boost react-apollo
```

これでクライアントを作成する準備が整いました。apollo-boostにあるApolloClientコンストラクタを使用して、初めてのクライアントを作成してみましょう。src/index.jsファイルを開き、ファイル内のコードを次のように書き換えてください。

```
import ApolloClient from 'apollo-boost'

const client = new ApolloClient({ uri: 'http://localhost:4000/graphql' })
```

ApolloClientコンストラクタを使用して新しいclientインスタンスを作成しました。clientはhttp://localhost:4000/graphqlで動作しているGraphQLサービスへのネットワーク接続のすべてを管理できます。例えば、次のようにすると、このクライアントを使用して写真管理サービスへクエリを送信できます。

```
import ApolloClient, { gql } from 'apollo-boost'

const client = new ApolloClient({ uri: 'http://localhost:4000/graphql' })

const query = gql`
```

```
  {
    totalUsers
    totalPhotos
  }
`

client.query({query})
  .then(({ data }) => console.log('data', data))
  .catch(console.error)
```

このコードは`client`を使用してクエリを送信し、写真とユーザーの総数を取得します。そのために`apollo-boost`から`gql`関数をインポートしました。この関数は`apollo-boost`内でインポートされている`graphql-tag`パッケージの一部です。`gql`関数を使用すると、クエリをパースして抽象構文木を構築できます。

`client.query({query})`を実行するとASTをクライアントに送ることができます。このメソッドはクエリをHTTPリクエストとしてGraphQLサービスに送信し、受け取ったレスポンスをプロミスの形でラップして返します。上記の例ではレスポンスをコンソールに出力しています。

```
{ totalUsers: 4, totalPhotos: 7, Symbol(id): "ROOT_QUERY" }
```

GraphQLサービスが実行中である必要があります

クライアントからサーバーへの接続を確認するには、GraphQLサービスが`http://localhost:4000`で実行中でなければいけません。

クライアントはGraphQLサービスへのネットワークリクエストをすべて処理することに加えて、レスポンスをローカルのメモリにキャッシュします。`client.extract()`を実行するといつでもキャッシュを確認できます。

```
console.log('cache', client.extract())
client.query({query})
  .then(() => console.log('cache', client.extract()))
  .catch(console.error)
```

では、クエリを送信する前にキャッシュを確認し、さらにクエリが解決された後でもう一度キャッシュを見てみましょう。クライアントが管理しているローカルオブジェクトに結果が保存されていることを確認できます。

```
{
```

```
  ROOT_QUERY: {
    totalPhotos: 4,
    totalUsers: 7
  }
}
```

もう一度クライアントにこのデータを得るためのクエリを送信すると、サービスにネットワークリクエストを送信する代わりに、キャッシュから結果を取り出します。Apollo Clientにはいつ、どの程度の頻度でネットワーク経由でHTTPリクエストを送信すべきかをオプションで指定する機能があります。そのようなオプションについては本章の後半で紹介します。ここではまずGraphQLサービスへのすべてのネットワークリクエストがApollo Clientを利用して処理されることを理解してください。また、デフォルトではパフォーマンス向上のため、結果が自動的にローカルにキャッシュされるようになっており、リクエストの際はローカルキャッシュからのデータ取得が優先されるようになっています。

`react-apollo`を使用するには、クライアントを作成して、ユーザーインターフェースの`ApolloProvider`というコンポーネントにそのクライアントを設定するだけでかまいません。`index.js`ファイルのコードを次のように修正してください。

```
import React from 'react'
import { render } from 'react-dom'
import App from './App'
import { ApolloProvider } from 'react-apollo'
import ApolloClient from 'apollo-boost'

const client = new ApolloClient({ uri: 'http://localhost:4000/graphql' })

render(
  <ApolloProvider client={client}>
    <App />
  </ApolloProvider>,
  document.getElementById('root')
)
```

これがReactでApolloを使い始めるために必要となるコードのすべてです。ここではクライアントを作成した後で`ApolloProvider`というコンポーネントの助けを借りて、そのクライアントをReactのグローバルスコープに配置しています。つまり`<App />`やそのすべての子要素でApollo Clientを通じてGraphQLサービスからデータを受け取る用意ができたことになります。

6.3.3 Queryコンポーネント

React UIに読み込むデータをApollo Clientを使用して取得するには、そのクエリを処理する手段が必要です。Queryコンポーネントはデータの取得、読み込み状態の管理、UIの更新などを処理します。ApolloProviderの中ならどこでもQueryコンポーネントを利用でき、Queryコンポーネントはクライアントを使用してqueryを送信します。クライアントでプロミスが解決されると、受け取った値を使用してユーザーインターフェースを構築します。

src/App.jsファイルを開き、コードを次のように書き換えてください。

```
import React from 'react'
import Users from './Users'
import { gql } from 'apollo-boost'

export const ROOT_QUERY = gql`
  query allUsers {
    totalUsers
    allUsers {
      githubLogin
      name
      avatar
    }
  }
`

const App = () => <Users />

export default App
```

AppコンポーネントでROOT_QUERYというクエリを作成しました。知ってのとおり、GraphQLを使用する利点のひとつは、UIを構築するために必要なすべてのものをまとめてリクエストし、単独のレスポンスですべてのデータを受け取れることです。つまり、アプリケーションのルートで作成したクエリ単体でtotalUsersの数とallUsersの配列の両方をリクエストできるということです。gql関数を使用して、クエリ文字列をROOT_QUERYという名前のASTオブジェクトに変換しました。このオブジェクトはほかのコンポーネントでも利用できるようにエクスポートされています。

この時点ではエラーが発生しているはずです。これはまだ作成していないコンポーネントをAppに描画しようとしたためです。src/Users.jsというファイルを新しく作成し、そのファイルに以下のコードを記述してください。

```
import React from 'react'
import { Query } from 'react-apollo'
import { ROOT_QUERY } from './App'

const Users = () =>
  <Query query={ROOT_QUERY}>
    {result =>
      <p>Users are loading: {result.loading ? "yes" : "no"}</p>
    }
  </Query>

export default Users
```

これでエラーが出なくなり、代わりに"Users are loading: no"というメッセージがブラウザウィンドウに表示されているはずです。内部的には、Queryコンポーネントが GraphQLサービスにROOT_QUERYを送信し、結果をローカルにキャッシュしています。結果はレンダープロップ（Render Props）というReactのテクニックを使用して取得します。レンダープロップを使用すると、子コンポーネントにプロパティを関数の引数として渡すことができます。関数からresultを取得してパラグラフ要素を返しているところに注目してください。

resultにはレスポンスデータ以上の情報が含まれています。例えば、オペレーションが読み込み中かどうかをresult.loadingプロパティを使用して確認できます。先ほどの例では、ユーザーにクエリが読み込み中かどうかを通知しています。

HTTPリクエストを制限する

ネットワークが高速すぎると、ブラウザで読み込み中プロパティがほんの一瞬しか表示されないかもしれません。Chromeのデベロッパーツールのネットワークタブを使用すると、HTTPリクエストを制限できます。デベロッパーツールを見ると、「Online」オプションが選択されているドロップダウンが見つかるでしょう。そのドロップダウンで「Slow 3G」を選択すると、より低速なレスポンスをシミュレートできます。これにより、ブラウザで読み込み中状態が発生していることを確認できるでしょう。

データの読み込みが終わると、その結果とともに受け取ることができます。

クライアントがデータ読み込み中のとき、"yes"か"no"を表示するのではなくUIコンポーネントを表示させるようにしましょう。Users.jsファイルを次のように修正してください。

```
const Users = () =>
  <Query query={ROOT_QUERY}>
    {({ data, loading }) => loading ?
      <p>loading users...</p> :
      <UserList count={data.totalUsers} users={data.allUsers} />
    }
  </Query>


const UserList = ({ count, users }) =>
  <div>
    <p>{count} Users</p>
    <ul>
      {users.map(user =>
        <UserListItem key={user.githubLogin}
          name={user.name}
          avatar={user.avatar} />
      )}
    </ul>
  </div>

const UserListItem = ({ name, avatar }) =>
  <li>
    <img src={avatar} width={48} height={48} alt="" />
    {name}
  </li>
```

クライアントが現在のクエリを読み込み中（loading）なら、"loading users..."というメッセージを表示します。データの読み込みが終わると、総ユーザー数と全ユーザーのnameとgithubLogin、avatarを含んだ配列をUserListコンポーネントに渡します。これらはまさにクエリで要求したデータです。UserListは結果データを使用してUIを構築します。このUIはユーザーの総数とユーザーの名前が添えられたアバター画像のリストを表示します。

resultsオブジェクトにはページネーション、再取得、ポーリングなど、便利な関数がいくつかあります。ボタンがクリックされたとき、refetch関数を使用してユーザーのリストを再取得するようにしてみましょう。

```
const Users = () =>
  <Query query={ROOT_QUERY}>
```

```
    {({ data, loading, refetch }) => loading ?
      <p>loading users...</p> :
      <UserList count={data.totalUsers}
        users={data.allUsers}
        refetchUsers={refetch} />
    }
  </Query>
```

これでROOT_QUERYをrefetchする、つまりサーバーにデータを再びリクエストする機能ができました。refetchUsersプロパティは単なる関数で、UserListに渡すことでボタンのクリックイベントに追加できるようになります。

```
const UserList = ({ count, users, refetchUsers }) =>
  <div>
    <p>{count} Users</p>
    <button onClick={() => refetchUsers()}>Refetch Users</button>
    <ul>
      {users.map(user =>
        <UserListItem key={user.githubLogin}
          name={user.name}
          avatar={user.avatar} />
      )}
    </ul>
  </div>
```

UserListでは、refetchUsers関数を使用してGraphQLサービスに再びルートデータをリクエストしています。[Refetch Users] ボタンがクリックされるたびに、新しいクエリがGraphQLのエンドポイントに送信され、変更されたデータが再取得されます。これはユーザーインターフェースとサーバー上のデータの同期を維持する方法のひとつです。

この動作をテストするには、最初のデータ取得が完了した後でユーザーデータを変更します。MongoDBから直接ユーザーコレクションやユーザードキュメントを削除したり、サーバーのGraphQL Playgroundでクエリを送信してフェイクユーザーを追加したりしてください。データベースに保存されているデータを変更した後で、[Refetch Users] ボタンをクリックしてブラウザで最新データを再描画してみましょう。

Queryコンポーネントではもうひとつ、ポーリングも利用できます。QueryコンポーネントにpollIntervalプロパティを追加すると、指定した間隔で繰り返しデータを取得するようになります。

```
<Query query={ROOT_QUERY} pollInterval={1000}>
```

pollIntervalを設定すると、指定された間隔で自動的にデータを再取得します。今回の場合、1秒おきにサーバーからデータを再取得します。このコードのようにポーリングを設定すると、毎秒実際に新しいネットワークリクエストを送信してしまいます。注意してください。

loadingとdata、refetchのほかに、レスポンスオブジェクトにはいくつか追加のオプションがあります。

`stopPolling`
: ポーリングを停止する関数

`startPolling`
: ポーリングを開始する関数

`fetchMore`
: 次のページのデータをフェッチするために利用できる関数

この先に進む前に、QueryコンポーネントからpollIntervalプロパティをすべて削除しておいてください。この先、開発を進めている間ずっとポーリングを実行し続けたくはないでしょう。

6.3.4 Mutationコンポーネント

GraphQLサービスにミューテーションを送信するには、Mutationコンポーネントを利用します。次の例では、このコンポーネントを使用してaddFakeUsersミューテーションを処理します。このミューテーションを送信すると、新しいユーザーリストをキャッシュに直接書き込みます。

初めに、Mutationコンポーネントをインポートして、Users.jsファイルにミューテーションを追加しましょう。

```
import { Query, Mutation } from 'react-apollo'
import { gql } from 'apollo-boost'

......
```

```
const ADD_FAKE_USERS_MUTATION = gql`
  mutation addFakeUsers($count:Int!) {
    addFakeUsers(count:$count) {
      githubLogin
      name
      avatar
    }
  }
`
```

得られたミューテーションは、Mutationコンポーネントと組み合わせて利用できます。このコンポーネントはレンダープロップを通じて子要素に関数を渡します。この関数を使用して、準備ができたときにミューテーションを送信します。

```
const UserList = ({ count, users, refetchUsers }) =>
  <div>
    <p>{count} Users</p>
    <button onClick={() => refetchUsers()}>Refetch Users</button>
    <Mutation mutation={ADD_FAKE_USERS_MUTATION} variables={{ count: 1 }}>
      {addFakeUsers =>
        <button onClick={addFakeUsers}>Add Fake Users</button>
      }
    </Mutation>
    <ul>
      {users.map(user =>
        <UserListItem key={user.githubLogin}
          name={user.name}
          avatar={user.avatar} />
      )}
    </ul>
  </div>
```

Queryコンポーネントでqueryをプロパティとして受け渡したのと同じように、Mutationコンポーネントにmutationプロパティを受け渡します。variablesプロパティも使用していることに注意してください。これはミューテーションに必要なクエリ変数を受け渡します。今回はcountを1に設定しているので、ミューテーションは一度にひとつフェイクユーザーを追加します。MutationコンポーネントはaddFakeUsers関数を使用しています。この関数を実行するとミューテーションを送信します。これで、ユーザーが[Add Fake Users]ボタンをクリックすると、ミューテーションがAPIに送信されるようになりました。

これによりユーザーがデータベースに追加されますが、現在のところ、変更を確認する唯一の手段は"Refetch Users"をクリックすることだけです。ユーザーがボタンをクリックするのを待つのではなく、ミューテーションが完了したときにMutationコンポーネント自身が特定のクエリを実行するようにすることもできます。

```
<Mutation mutation={ADD_FAKE_USERS_MUTATION}
  variables={{ count: 1 }}
  refetchQueries={[{ query: ROOT_QUERY }]}>
  {addFakeUsers =>
    <button onClick={addFakeUsers}>Add Fake Users</button>
  }
</Mutation>
```

refetchQueriesはミューテーションを送信した後に、データを再取得するためにどのクエリを使用するかを指定するためのプロパティです。単純にクエリを含んだオブジェクトのリストを設定してください。指定したクエリは、ミューテーションが完了したときに処理され、自動でデータが再取得されます。

6.4 認可

「5章 GraphQLサーバーの実装」で、ユーザーをGitHubで認可するためのミューテーションを作成しました。以降では、どのようにしてクライアントサイドでユーザーの認可を準備するかについて説明します。

ユーザー認可の流れにはいくつかの段階があります。太字の段階はこれからクライアントに追加する機能だということを示しています。

1. **クライアント**：client_idを付けてユーザーをGitHubにリダイレクトします。
2. **ユーザー**：クライアントアプリケーションのGitHubのアカウント情報へのアクセスを許可します。
3. **GitHub**：コードを付けてWebサイトにリダイレクトします。
   http://localhost:3000?code=XYZ
4. **クライアント**：先ほどのコードを使用してGraphQLミューテーションauthUser(code)を送信します。
5. API：client_idとclient_secret、client_codeを使用してGitHubのaccess_tokenをリクエストします。
6. GitHub：以降の情報のリクエストで利用できるaccess_tokenを付けて返します。

7. API：access_tokenを使用してユーザー情報をリクエストします。
8. GitHub：ユーザー情報を返します。
   name、github_login、avatar_url
9. API：AuthPayloadでauthUser(code)ミューテーションを処理します。結果にはトークンとユーザー情報が含まれます。
10. **クライアント**：以降、GraphQLリクエストを送信するために利用するトークンを保存します。

6.4.1 ユーザー認可

ユーザーを認可する時が来ました。円滑に話を進めるために、この例ではReact Routerを使用します。これはnpmでインストールできます。npm install react-router-domとコマンドを入力してください。

メインの<App />コンポーネントを修正しましょう。BrowserRouterを利用し、さらにGitHubでユーザーを認可するために利用できる新しいコンポーネントAuthorizedUserを追加します。

```
import React from 'react'
import Users from './Users'
import { BrowserRouter } from 'react-router-dom'
import { gql } from 'apollo-boost'
import AuthorizedUser from './AuthorizedUser'

export const ROOT_QUERY = gql`
  query allUsers {
    totalUsers
    allUsers { ...userInfo }
    me { ...userInfo }
  }

  fragment userInfo on User {
    githubLogin
    name
    avatar
  }
`

const App = () =>
  <BrowserRouter>
```

```
      <div>
        <AuthorizedUser />
        <Users />
      </div>
    </BrowserRouter>

export default App
```

BrowserRouterで描画したいその他すべてのコンポーネントをラップします。また、AuthorizedUserも新しく追加します。このコンポーネントはこれから新しく作成するファイルで定義します。このコンポーネントを追加するまではエラーが発生するはずです。

認可の準備をするためにROOT_QUERYを修正し、追加でmeフィールドも要求するようになりました。それによって誰かがログイン中であればそのユーザーについての情報が得られます。誰もログイン中でなければ、このフィールドは単にnullを返します。クエリドキュメントにuserInfoというフラグメントを追加していることに注意してください。これによりmeフィールドとallUsersフィールドの両方でUserについての同じ情報が得られます。

AuthorizedUserコンポーネントは、ユーザーをGitHubにリダイレクトして、コードをリクエストしなければいけません。このコードはGitHubからhttp://localhost:3000で動作しているアプリに返されるはずです。

AuthorizedUser.jsという新しいファイルで次の処理を実装しましょう。<YOUR_GITHUB_CLIENT_ID>は自身のクライアントIDで置き換えてください。

```
import React, { Component } from 'react'
import { withRouter } from 'react-router-dom'

class AuthorizedUser extends Component {

  state = { signingIn: false }

  componentDidMount() {
    if (window.location.search.match(/code=/)) {
      this.setState({ signingIn: true })
      const code = window.location.search.replace("?code=", "")
      alert(code)
      this.props.history.replace('/')
    }
  }
```

```
  requestCode() {
    var clientID = <YOUR_GITHUB_CLIENT_ID>
    window.location =
      `https://github.com/login/oauth/authorize?client_
id=${clientID}&scope=user`
  }

  render() {
    return (
      <button onClick={this.requestCode} disabled={this.state.signingIn}>
        Sign In with GitHub
      </button>
    )
  }
}

export default withRouter(AuthorizedUser)
```

AuthorizedUserコンポーネントは［Sign In with GitHub］ボタンを描画します。ボタンをクリックすると、ユーザーをリダイレクトしてGitHubのOAuthプロセスが始まります。認可されると、GitHubはhttp://localhost:3000?code=XYZGNARLYSENDABCという形でコードをブラウザに送り返します。コードがクエリ文字列として与えられると、React Routerがコンポーネントにhistoryプロパティを設定して削除する前に、コンポーネントはwindow.locationからクエリ文字列を取り出してパースし、警告ダイアログでユーザーに表示します。

とりあえずGitHubコードをユーザーに警告ダイアログで示すようにしましたが、実際にはgithubAuthミューテーションを送るために必要となります。

```
import { Mutation } from 'react-apollo'
import { gql } from 'apollo-boost'
import { ROOT_QUERY } from './App'

const GITHUB_AUTH_MUTATION = gql`
  mutation githubAuth($code:String!) {
    githubAuth(code:$code) { token }
  }
`
```

上記のミューテーションは現在のユーザーを認可するために使用されます。必要なものはコードだけです。ミューテーションをこのコンポーネントのrenderメソッドに追加しましょう。

```
render() {
  return (
    <Mutation mutation={GITHUB_AUTH_MUTATION}
      update={this.authorizationComplete}
      refetchQueries={[{ query: ROOT_QUERY }]}>

      {mutation => {
        this.githubAuthMutation = mutation
        return (
          <button
            onClick={this.requestCode}
            disabled={this.state.signingIn}>
            Sign In with GitHub
          </button>
        )
      }}

    </Mutation>
  )
}
```

MutationコンポーネントはGITHUB_AUTH_MUTATIONと紐づけられています。完了すると、コンポーネントのauthorizationCompleteメソッドが実行されて、ROOT_QUERYを再取得します。mutation関数はthis.githubAuthMutation = mutationという設定でAuthorizedUserコンポーネントのスコープに追加されました。これで準備が整えば（コードが得られれば）このthis.githubAuthMutation()関数を実行できます。

コードは警告ダイアログで表示するのではなく、ミューテーションで送信し、現在のユーザーを認可します。認可が成功すると、結果のトークンをlocalStorageに保存し、ルーターのhistoryプロパティを使用してwindow.locationからコードを削除します。

```
class AuthorizedUser extends Component {

  state = { signingIn: false }

  authorizationComplete = (cache, { data }) => {
```

```
      localStorage.setItem('token', data.githubAuth.token)
      this.props.history.replace('/')
      this.setState({ signingIn: false })
    }

    componentDidMount() {
      if (window.location.search.match(/code=/)) {
        this.setState({ signingIn: true })
        const code = window.location.search.replace("?code=", "")
        this.githubAuthMutation({ variables: {code} })
      }
    }

    ......

  }
```

認可プロセスを開始するには、`this.githubAuthMutation()`を呼び出して`code`をオペレーションの`variables`に追加します。完了すると、`authorizationComplete`メソッドが呼び出されます。このメソッドが受け取る`data`はミューテーションで選択したデータで、ここには`token`が含まれています。`token`をローカルに保存した後、React Routerの`history`を利用し、ウィンドウのロケーションバーからcodeクエリ文字列を削除します。

この時点でGitHubに現在のユーザーとしてサインインしています。次は、すべてのリクエストのHTTPヘッダーにこのトークンを追加して送信します。

6.4.2　ユーザー識別

次に、それぞれのリクエストの認証ヘッダーにトークンを追加します。前の章で作成した`photo-share-api`はヘッダーの認証トークンを渡したユーザーを識別することを覚えているでしょうか。必要なのは、`localStorage`に保存されたトークンをGraphQLサービスに送信されるリクエストすべてに確実に付与することだけです。

`src/index.js`ファイルを修正しましょう。Apollo Clientを作成している行を探し、次のコードと置き換えてください。

```
const client = new ApolloClient({
  uri: 'http://localhost:4000/graphql',
  request: operation => {
    operation.setContext(context => ({
      headers: {
```

```
          ...context.headers,
          authorization: localStorage.getItem('token')
        }
      }))
    }
  })
```

Apollo Clientの設定にrequestメソッドを追加しました。このメソッドは、すべてのoperationがGraphQLサービスに送信される直前にその内容を受け取ります。ここではローカルストレージに保存したトークンが指定したautorizationヘッダーに含まれるようにすべてのoperationのコンテキストを設定しました。保存されたトークンがない場合についての心配は不要です。ヘッダーの値は単純にnullに設定され、ユーザーがまだ認可されていないとサービスが判断するだけです。

これですべてのヘッダーに認可トークンが追加され、meフィールドは現在のユーザーに関するデータを返すようになったはずです。UIでそのデータを表示してみましょう。AuthorizedUserコンポーネントのrenderメソッドを探し、次のコードで置き換えてください。

```
render() {
  return (
    <Mutation
      mutation={GITHUB_AUTH_MUTATION}
      update={this.authorizationComplete}
      refetchQueries={[{ query: ROOT_QUERY }]}>
      {mutation => {
        this.githubAuthMutation = mutation
        return (
          <Me signingIn={this.state.signingIn}
            requestCode={this.requestCode}
            logout={() => localStorage.removeItem('token')} />
        )
      }}
    </Mutation>
  )
}
```

今回のMutationコンポーネントはボタンを描画するのではなくMeというコンポーネントを描画しています。Meコンポーネントは現在ログインしているユーザーの情報か、ログインしていない場合は認証ボタンを表示します。それにはユーザーがサインインしている状態かどうかを知る必要があります。またAuthorizedUserコンポーネントの

requestCodeメソッドへもアクセスできなければいけません。最後に、ユーザーがログアウトする機能を実装する必要があります。とりあえず、ユーザーがログアウトしたときにlocalStorageからtokenを削除するようにします。これらの値はすべて、Meコンポーネントのプロパティとして受け渡されています。

Meコンポーネントの作成を始めましょう。AuthorizedUserコンポーネント宣言の前に以下のコードを追加してください。

```
import { Query, Mutation } from 'react-apollo'

const Me = ({ logout, requestCode, signingIn }) =>
  <Query query={ROOT_QUERY}>
    {({ loading, data }) => data.me ?
      <CurrentUser {...data.me} logout={logout} /> :
      loading ?
        <p>loading... </p> :
        <button
          onClick={requestCode}
          disabled={signingIn}>
            Sign In with GitHub
        </button>
    }
  </Query>

const CurrentUser = ({ name, avatar, logout }) =>
  <div>
    <img src={avatar} width={48} height={48} alt="" />
    <h1>{name}</h1>
    <button onClick={logout}>logout</button>
  </div>
```

MeコンポーネントはQueryコンポーネントを使用して、ROOT_QUERYから現在のユーザーに関するデータを取得します。トークンがあればROOT_QUERYのmeフィールドはnullにはならないので、クエリコンポーネントの中でdata.meがnullかどうかを確認しています。このフィールドの下にデータがあればCurrentUserコンポーネントを表示して、現在のユーザーに関するデータをこのコンポーネントにプロパティとして渡します。logout関数もCurrentUserコンポーネントに渡します。ユーザーがログアウトボタンをクリックすると、この関数が実行されてトークンが削除されます。

6.5 キャッシュ

開発者として、常にネットワークリクエストは最小化したいものです。ユーザーに無意味なリクエストをさせることは避けるべきでしょう。ここではアプリが送信するネットワークリクエストの回数を最小化するために、Apollo Cacheをどのようにカスタマイズすればいいかについて詳細に見ていきます。

6.5.1 フェッチポリシー

デフォルトでは、Apollo ClientはデータをJavaScriptのローカル変数に保存します。クライアントを作成するとキャッシュも作成され、オペレーションを送信するたびにそのレスポンスがローカルにキャッシュされます。`fetchPolicy`はApollo Clientにローカルキャッシュとネットワークリクエストのどちらからデータを見つけてオペレーションを処理するかを指定します。デフォルトの`fetchPolicy`は`cache-first`です。まず、クライアントはオペレーションを処理するために、ローカルのキャッシュのデータを確認します。もし、ネットワークリクエストを送信せずにオペレーションを処理できるならクライアントはそうします。しかし、返すためのデータがキャッシュに存在しなければ、クライアントはGraphQLサービスにネットワークリクエストを送信します。

もうひとつの`fetchPolicy`は`cache-only`です。このポリシーは、クライアントが情報を取得する際、キャッシュだけを確認するようにし、ネットワークリクエストを送信しないように指示します。クエリを処理するためのデータがキャッシュに存在しなければ、エラーが投げられます。

`src/Users.js`を確認して、`Users`コンポーネントの中にある`Query`を探してください。個別のクエリに関するフェッチポリシーはただ`fetchPolicy`プロパティを追加するだけで変更できます。

```
<Query query={{ query: ROOT_QUERY }} fetchPolicy="cache-only">
```

現在のところ、この`Query`のポリシーを`cache-only`に設定してブラウザを更新すると、エラーが発生するはずです。これは、Apollo Clientはクエリを処理するためのデータを見つけるためにキャッシュだけを確認するようになりましたが、アプリ開始時にはデータがないためです。エラーを解決するには、フェッチポリシーを`cache-and-network`に変更します。

```
<Query query={{ query: ROOT_QUERY }} fetchPolicy="cache-and-network">
```

アプリケーションは再び正しく動作するようになります。`cache-and-network`ポリシーでは、常にまずキャッシュからデータを取得し、同時にネットワークリクエストを送信して最新のデータを取得します。ローカルキャッシュが存在しないとき、つまりアプリ開始直後等の場合は、単純にネットワークからデータを取得するだけです。その他のポリシーには次のようなものがあります。

`network-only`
: クエリを処理する際、常にネットワークリクエストを送信する

`no-cache`
: クエリを処理する際、常にネットワークリクエストを送信して、結果のレスポンスはキャッシュしない

6.5.2 キャッシュの永続化

キャッシュはクライアントローカルに保存しておくことができます。これにより、ユーザーがアプリケーションを再開したときにも常にキャッシュが存在することになり、`cache-first`ポリシーが力を発揮できます。`cache-first`ポリシーは既存のローカルキャッシュからすぐにデータを解決し、ネットワークにはまったくリクエストを送信しません。

キャッシュデータをローカルに保存するには、npmパッケージをインストールする必要があります。

```
npm install apollo-cache-persist
```

`apollo-cache-persist`パッケージにはキャッシュを拡張して、変更があると常にローカルストアに保存する関数が含まれています。キャッシュの永続化を実装するには、`cache`オブジェクトを作成して、アプリケーションを設定するときに`client`に追加しなければいけません。

`src/index.js`ファイルに次のコードを追加してください。

```
import ApolloClient, { InMemoryCache } from 'apollo-boost'
import { persistCache } from 'apollo-cache-persist'

const cache = new InMemoryCache()
persistCache({
  cache,
  storage: localStorage
})
```

```
const client = new ApolloClient({
  cache,

  ……

})
```

まず、apollo-boostが提供しているInMemoryCacheコンストラクタを使用してキャッシュインスタンスを作成しました。次にapollo-cache-persistのpersistCacheメソッドをインポートしました。InMemoryCacheを使用して作成したcacheインスタンスを、storageの位置と一緒にpersistCacheメソッドに渡します。今回はキャッシュをブラウザウィンドウのlocalStorageに保存することとしました。これで、アプリケーションを起動すると、ローカルストレージにキャッシュが保存されるようになりました。中身を確認するため、次の文を追加します。

```
console.log(localStorage['apollo-cache-persist'])
```

次に、起動時にすでに保存されたキャッシュがあるかどうかlocalStorageを確認します。もしキャッシュがあれば、クライアントを作成する前にそのデータでローカルのcacheを初期化しておきます。

```
const cache = new InMemoryCache()
persistCache({
  cache,
  storage: localStorage
})

if (localStorage['apollo-cache-persist']) {
  let cacheData = JSON.parse(localStorage['apollo-cache-persist'])
  cache.restore(cacheData)
}
```

これで、アプリケーションは開始前にキャッシュされたデータをすべて読み込むようになります。apollo-cache-persistというキーで保存されたデータがあれば、cache.restore(cacheData)メソッドを使用して、cacheインスタンスに追加します。

Apollo Clientのキャッシュを効果的に使用することで、簡単にサービスへのネットワークリクエストの数を最小限に抑えることができました。次の節では、ローカルキャッシュに直接データを書き込む方法について学びます。

6.5.3 キャッシュの更新

Queryコンポーネントはキャッシュから直接読み込むことができます。cache-onlyのようなフェッチポリシーが可能なのはそのためです。またApollo Cacheと直接やり取りすることもできます。現在のデータをキャッシュから読み込んだり、キャッシュに直接書き込むことも可能です。キャッシュに保存されたデータを変更するたびに、react-apolloはその変更を検知して、影響を受けるすべてのコンポーネントを再描画します。つまりキャッシュを変更するだけで、UIは自動的にその変更に追従するように更新されます。

データはGraphQLを使用してApollo Cacheから読み込まれ、クエリを確認できます。データの書き込みもGraphQLを使用してApollo Cacheに行われます。src/App.jsにROOT_QUERYがあると考えてください。

```
export const ROOT_QUERY = gql`
  query allUsers {
    totalUsers
    allUsers { ...userInfo }
    me { ...userInfo }
  }

  fragment userInfo on User {
    githubLogin
    name
    avatar
  }
`
```

このクエリには選択セットに、totalUsers、allUsers、meという3つのフィールドがあります。現在キャッシュに保存されているデータは、cache.readQueryメソッドを使用して読み込むことができます。

```
let { totalUsers, allUsers, me } = cache.readQuery({ query: ROOT_QUERY })
```

この行では、キャッシュに保存されているtotalUsersとallUsers、meの値を取り出しました。

cache.writeQueryメソッドを使用して、ROOT_QUERYのtotalUsersフィールド、allUsersフィールド、meフィールドに直接データを書き込むこともできます。

```
cache.writeQuery({
  query: ROOT_QUERY,
  data: {
    me: null,
    allUsers: [],
    totalUsers: 0
  }
})
```

この例では、キャッシュからすべてのデータを削除して、ROOT_QUERYのすべてのフィールドの値をデフォルト値にリセットしています。react-apolloを使用しているので、この変更によりUIの更新が実行され、現在のDOMからユーザーリスト全体がクリアされます。

データをキャッシュに直接書き込むのであれば、そのために適切な場所はAuthorizedUserコンポーネントのlogout関数の中です。現時点ではこの関数はユーザーのトークンを削除していますが、[Refetch]ボタンをクリックするか、ブラウザを再読み込みするまでUIは更新されません。この機能を改善するため、ユーザーがログアウトしたときに、キャッシュから現在のユーザーを直接取り除くことにします。

まずは、このコンポーネントがプロパティを通じてclientにアクセスできるようにしなければいけません。このプロパティを受け渡す最も早い方法のひとつは、withApollo高階コンポーネントを使用することです。これはclientをAuthorizedUserコンポーネントのプロパティに追加します。このコンポーネントはすでにwithRouter高階コンポーネントを使用しているので、compose関数を使用してAuthorizedUserを2つの高階コンポーネントでラップします。

高階コンポーネントを組み合わせるcompose関数を使用するには、npmパッケージをインストールする必要があります。

```
npm install recompose
```

```
import { Query, Mutation, withApollo } from 'react-apollo'
import { compose } from 'recompose'

class AuthorizedUser extends Component {
  ……
}

export default compose(withApollo, withRouter)(AuthorizedUser)
```

composeを使用して、withApollo関数とwithRouter関数を組み合わせてひとつの関数にします。withRouterはルーターのプロパティにhistoryを追加し、withApolloはApollo Clientをプロパティに追加します。

これでlogoutメソッドの中でApollo Clientにアクセスできるようになり、そのクライアントを使用して現在のユーザーに関する情報をキャッシュから削除できるようになりました。

```
logout={() => {
  localStorage.removeItem('token')
  let data = this.props.client.readQuery({ query: ROOT_QUERY })
  data.me = null
  this.props.client.writeQuery({ query: ROOT_QUERY, data })
}}
```

上のコードは現在のユーザーのトークンをlocalStorageから削除するだけでなく、キャッシュに保存された現在のユーザーのmeフィールドもクリアします。これによりユーザーがログアウトすると、ブラウザをリフレッシュしなくてもすぐに [Sign In with GitHub] ボタンが表示されるようになります。このボタンはROOT_QUERYのmeの値がないときにだけ表示されます。

もうひとつ、キャッシュを直接使用することでアプリケーションを改善できるところがあります。src/Users.jsファイルです。現在は [Add Fake Users] ボタンをクリックすると、ミューテーションがGraphQLサービスに送信されます。[Add Fake Users] ボタンを表示するMutationコンポーネントには次のようなプロパティがあります。

```
refetchQueries={[{ query: ROOT_QUERY }]}
```

このプロパティは、ミューテーションが完了したときに、クライアントがサービスに追加のクエリを送るように指示します。しかし、新しいフェイクユーザーのリストは、ミューテーション自身のレスポンスの中にすでに存在しています。

```
mutation addFakeUsers($count:Int!) {
  addFakeUsers(count:$count) {
    githubLogin
    name
    avatar
  }
}
```

すでに新しいフェイクユーザーのリストがあるので、サーバーに同じ情報を送り返してもらう必要はありません。代わりに、ミューテーションのレスポンスに含まれる新しいユーザーのリストを取得して、直接キャッシュに追加すればよいのです。キャッシュが変更されれば、UIもそれに応じて変更されます。

Users.jsファイルからaddFakeUsersミューテーションを処理しているMutationコンポーネントを探して、refetchQueriesをupdateプロパティで置き換えてください。

```
<Mutation mutation={ADD_FAKE_USERS_MUTATION}
  variables={{ count: 1 }}
  update={updateUserCache}>
  {addFakeUsers =>
    <button onClick={addFakeUsers}>Add Fake User</button>
  }
</Mutation>
```

これでミューテーションが完了すると、レスポンスのデータがupdateUserCacheという関数に渡されます。

```
const updateUserCache = (cache, { data:{ addFakeUsers } }) => {
  let data = cache.readQuery({ query: ROOT_QUERY })
  data.totalUsers += addFakeUsers.length
  data.allUsers = [
    ...data.allUsers,
    ...addFakeUsers
  ]
  cache.writeQuery({ query: ROOT_QUERY, data })
}
```

Mutationコンポーネントがupdate UserCache関数を呼び出すには、cacheとミューテーションのレスポンスに含まれていたデータを渡します。

フェイクユーザーを現在のキャッシュに追加したいので、cache.readQuery({ query: ROOT_QUERY })を使用して、すでにキャッシュ内にあるデータを読み込み、そこに追加します。まず、data.totalUsers += addFakeUsers.lengthとして総ユーザー数を増やします。次に、現在のユーザーリストとミューテーションから受け取ったフェイクユーザーを結合します。これで現在のデータが変更できたので、cache.writeQuery({ query: ROOT_QUERY, data })を使用してキャッシュに書き戻すことができます。cache内のデータを更新すると、自動的にUIが更新され、新しいフェイクユーザーが表示されます。

この時点で、アプリのユーザー部分の最初のバージョンは完成しました。すべてのユーザー一覧を表示し、フェイクユーザーを追加し、GitHubでサインインすることができます。Apollo ServerとApollo Clientを使用してフルスタックのGraphQLアプリケーションを作成しました。`Query`コンポーネントと`Mutation`コンポーネントは、Apollo ClientとReactを使用して素早くクライアントの開発を始めるために利用できます。

「7章 GraphQLの実戦投入にあたって」では、サブスクリプションとファイルアップロード機能をどのようにして写真共有アプリケーションに組み込むかを説明します。また、自身のプロジェクトで利用できるGraphQLエコシステムの新しいツールも紹介します。

7章
GraphQLの実戦投入にあたって

ここまでで、スキーマを設計し、GraphQL APIを構築して、Apollo Clientを用いてクライアントを実装してきました。GraphQLに関する開発の全体をひととおり経験し、GraphQL APIがクライアントによってどのように利用されるかについて理解を深めました。そろそろGraphQL APIとクライアントを本番環境で使用する準備を始めるときです。

新しい技術を本番で使用するには、現在のアプリケーションの要件を満たすことが可能かを確認する必要があります。現在のアプリケーションはクライアントとサーバーの間でファイルを送信できるようにする必要がありそうです。また、データの更新をクライアントにリアルタイムでプッシュするためにWebSocketを使用しています。現在のAPIはセキュアであり、不正なクライアントを拒否します。GraphQLを本番で使用するには、これらの要件を満たせるようにする必要があります。

また開発チームについても考える必要があります。もしかするとあなたのチームメンバーはフルスタックかもしれませんが、通常はフロントエンド開発者とバックエンド開発者に分離されている場合がほとんどでしょう。そのようなとき、開発者全員でGraphQLのさまざまな特徴をうまく生かしていくにはどうすればいいのでしょうか。

また、現在のコードベースの純粋な範囲についてはどうでしょうか。現時点で多くの異なるサービスとAPIが本番環境で動作しているでしょうし、おそらくGraphQLを使用してすべてをゼロから再構築するような時間もリソースもないでしょう。

この章では、これらすべての要件や問題に対応します。写真共有APIに2回のイテレーションを追加することから始めます。最初にサブスクリプションとリアルタイムデータ送信を組み込みます。そしてその次にGraphQLを使用してファイルを送信する手段を実装し、ユーザーが写真を投稿できるようにします。写真共有アプリケーションでこれらのイテレーションが完了した後で、不正なクライアントによるクエリからサービスを守るためにGraphQL APIをセキュアにする方法を紹介します。最後にどのようなチームであればGraphQLに効率的に乗り換えるために協力できるかを確認する方法でこの章を締めくくります。

7.1 サブスクリプション

リアルタイム更新は、モダンなWebアプリケーションやモバイルアプリケーションでは必須と言っていい機能です。Webサイトとモバイルアプリケーションの間でリアルタイムデータ通信を可能にするモダンな技術がWebSocketです。WebSocketプロトコルを利用すると、TCPソケット上で全二重双方向通信チャネルを開くことができます。つまり、Webページとアプリケーションの間で、単一のコネクション上でデータの送受信ができます。この技術を使用すると、更新された内容をリアルタイムでサーバーからWebページに直接通知することができます。

これまでは、HTTPプロトコルを使用してGraphQLクエリとミューテーションを実装していました。HTTPはクライアント、サーバー間でデータを送受信する手段ではありますが、サーバーに接続して状態の変化を待ち受ける手段にはなりえません。WebSocketの導入以前には、サーバー上の状態変化を待ち受ける手段は、HTTPリクエストを繰り返しサーバーに送信して、何か変更があるかどうかを確認し続けることだけでした。「6章 GraphQLクライアントの実装」でqueryタグを使用してそのようなポーリングを簡単に実装できることを確認しました。

しかし、もし本当に新しいWebの利点を生かしたければ、GraphQLはHTTPリクエストだけでなくWebSocketを使用したリアルタイムデータ通信をサポートできなければいけません。その手段が**サブスクリプション**です。それでは、GraphQLでサブスクリプションを実装する方法を見ていきましょう。

7.1.1 サブスクリプションの利用

GraphQLでは、サブスクリプションを使用することでAPIによる特定のデータの変更を待ち受けることができます。Apollo Serverには、GraphQLアプリケーションでWebSocketを利用するために必ず使用される2つのnpmパッケージである`graphql-subscriptions`と`subscriptions-transport-ws`が組み込まれていて、デフォルトの状態でサブスクリプションをサポートしています。`graphql-subscriptions`パッケージはPublisher/SubscriberデザインパターンであるPubSubの実装を提供するnpmパッケージです。`PubSub`は、データの変更を通知して、それをサブスクリプションを実行しているクライアントが受信できるようにするために必要です。`subscriptions-transport-ws`は、WebSocket経由でサブスクリプションを配信するWebSocketサーバーとクライアントです。Apollo Serverはデフォルトでサブスクリプションをサポートするために、自動的にこれらのパッケージを組み込んでいます。

デフォルトではApollo ServerはWebSocketを`ws://localhost:4000`で立ち上げます。「5章 GraphQLサーバーの実装」の最初に紹介した単純なサーバー設定を使用していれば、初めからWebSocketをサポートした設定になっています。

`apollo-server-express`を使用していると、サブスクリプションを動作させるために必要な作業はほとんどありません。`photo-share-api`の`index.js`ファイルで、`http`モジュールの`createServer`関数をインポートしてください。

```
const { createServer } = require('http')
```

Apollo Serverは自動的にサブスクリプションをサポートできる状態になっていますが、実際に使用するにはHTTPサーバーが必要です。`createServer`はそのHTTPサーバーを作成するために使用します。`start`関数の一番下にある、`app.listen(……)`を使用してGraphQLサービスを特定のポートで開始しているコードを探してください。その部分のコードを以下で置き換えます。

```
const httpServer = createServer(app)
server.installSubscriptionHandlers(httpServer)

httpServer.listen({ port: 4000 }, () =>
    console.log(`GraphQL Server running at localhost:4000${server.
graphqlPath}`)
)
```

初めに、Expressアプリインスタンスを使用して`httpServer`を新しく作成します。`httpServer`は、現在のExpress設定に基づいて送信されるすべてのHTTPリクエストを処理するように設定されています。WebSocketサポートを追加できるサーバーインスタンスもあります。次の行の`server.installSubscriptionHandlers(httpServer)`は、WebSocketを動作させるためのコードです。ここで、Apollo ServerがWebSocketを使用したサブスクリプションをサポートするために必要なハンドラを追加しています。これでHTTPサーバーに加えて、バックエンドが`ws://localhost:4000/graphql`でリクエストを受け取る準備ができました。

これで、サブスクリプションをサポートするサーバーが用意できたので、処理を実装していきましょう。

7.1.1.1 写真の投稿

あるユーザーが写真を投稿したタイミングを知りたいとしましょう。これはサブスクリプションの典型的なユースケースです。GraphQLのほかの部分と同じように、サブスクリプションを実装するにはスキーマをまず用意する必要があります。スキーマのMutation型定義のすぐ下にサブスクリプション型を追加しましょう。

```
type Subscription {
  newPhoto: Photo!
}
```

newPhotoサブスクリプションは、写真が追加されたときにクライアントにデータをプッシュ通知するために使用されます。次のGraphQL問い合わせ言語オペレーションを使用して、サブスクリプションオペレーションを送信します。

```
subscription {
  newPhoto {
    url
    category
    postedBy {
      githubLogin
      avatar
    }
  }
}
```

このサブスクリプションは、新しい写真に関するデータをユーザーにプッシュ通知します。GraphQLを使用しているので、QueryやMutationと同じく、選択セットで特定のフィールドに関するデータを要求できます。このサブスクリプションでは、新しい写真が現れるたびに、そのurlとcategory、写真を投稿したユーザーのgithubLoginとavatarを受け取ります。

サブスクリプションがサービスに送られると、コネクションが開いたままになり、データの変更を待ち続けます。追加されたすべての写真のデータは、サブスクリプションを実行しているクライアントにプッシュ通知されます。GraphQL Playground上で確認してみると、Playボタンが赤いStopボタンに変わることがわかるでしょう。

Stopボタンはサブスクリプションを現在購読中で、データを待ち受けていることを表します。Stopボタンを押すとサブスクリプションの購読が停止され、データ変更の待ち受けも中止されます。

最後に、新しい写真をデータベースに追加するpostPhotoミューテーションを見てみましょう。このミューテーションからサブスクリプションに新しい写真の詳細をパブリッシュします。

```
async postPhoto(root, args, { db, currentUser, pubsub }) {

  if (!currentUser) {
    throw new Error('only an authorized user can post a photo')
  }

  const newPhoto = {
    ...args.input,
    userID: currentUser.githubLogin,
    created: new Date()
  }

  const { insertedIds } = await db.collection('photos').insert(newPhoto)
  newPhoto.id = insertedIds[0]

  pubsub.publish('photo-added', { newPhoto })

  return newPhoto

}
```

このリゾルバは、pubsubのインスタンスがコンテキストに追加されていると想定しています。これについては次の段階で扱います。pubsubはイベントをパブリッシュする機構で、データをサブスクリプションリゾルバに送信します。Node.jsのEventEmitterのようなものと考えるといいでしょう。このpubsubを使用すると、イベントをパブリッシュして、そのイベントを購読しているクライアントすべてのハンドラにデータを送信できます。今回は、新しい写真をデータベースに追加した後でphoto-addedイベントをパブリッシュしています。新しい写真の詳細はpubsub.publishメソッドの第二引数として与えられます。これによりphoto-addedイベントを購読しているすべてのハンドラに新しい写真の詳細を送信します。

次に、photo-addedイベントを購読するために使用するSubscriptionリゾルバを追加しましょう。

```
const resolvers = {

  ......
```

```
  Subscription: {
    newPhoto: {
      subscribe: (parent, args, { pubsub }) =>
        pubsub.asyncIterator('photo-added')
    }
  }
}
```

このSubscriptionリゾルバはルートリゾルバです。リゾルバオブジェクトのQueryリゾルバとMutationリゾルバのすぐ次に直接追加しなければいけません。Subscriptionリゾルバの中でそれぞれのフィールドのリゾルバを定義する必要があります。スキーマにnewPhotoフィールドを定義したので、newPhotoリゾルバが必要です。

QueryリゾルバやMutationリゾルバとは異なり、Subscriptionリゾルバにはsubscribeメソッドがあります。subscribeメソッドはほかのすべてのリゾルバ関数と同様に、parent、args、contextを受け取ります。このメソッドの中で特定のイベントを購読します。今回の場合、pubsub.asyncIteratorを使用してphoto-addedイベントを購読しています。pubsubからphoto-addedイベントが投げられるたびに、この新しい写真サブスクリプションに渡されます。

リポジトリ内のサブスクリプションリゾルバ

GitHubリポジトリに例としてあげられているファイルは、リゾルバを複数のファイルに分割しています。上記のファイルはresolvers/Subscriptions.jsにあります。

postPhotoリゾルバとnewPhotoサブスクリプションリゾルバは、両方ともコンテキストにpubsubのインスタンスがあることを想定しています。それでは、コンテキストにpubsubを含めるように修正しましょう。index.jsファイルを開いて、以下のように変更してください。

```
const { ApolloServer, PubSub } = require('apollo-server-express')

......

async function start() {

  ......
```

```
    const pubsub = new PubSub()
    const server = new ApolloServer({
      typeDefs,
      resolvers,
      context: async ({ req, connection }) => {

        const githubToken = req ?
          req.headers.authorization :
          connection.context.Authorization

        const currentUser = await db
          .collection('users')
          .findOne({ githubToken })

        return { db, currentUser, pubsub }

      }
    })

    ......

  }
```

まず、apollo-server-expressパッケージからPubSubコンストラクタをインポートする必要があります。このコンストラクタを使用してpubsubインスタンスを作成し、コンテキストに追加します。

context関数も変更したことに気づいたでしょうか。クエリとミューテーションはまだHTTPを使用しています。これらのオペレーションのいずれかをGraphQLサービスに送信する場合は、リクエストの引数reqがcontextハンドラに送信されます。しかしオペレーションがサブスクリプションの場合はHTTPリクエストがないため、req引数はnullになります。その代わりに、クライアントがWebSocketに接続したときにサブスクリプションの情報が渡されます。この場合、WebSocketのconnection引数がコンテキスト関数に渡されます。サブスクリプションを受け取った場合、HTTPリクエストヘッダーではなく、そのコネクションのcontextを使用して認可情報の詳細を受け取らなければいけません。

これで新しいサブスクリプションを試す用意ができました。Playgroundを開き、サブスクリプションを開始してみましょう。

```
  subscription {
```

```
    newPhoto {
      name
      url
      postedBy {
        name
      }
    }
  }
```

サブスクリプションを開始したら、新しいPlaygroundタブを開き、postPhotoミューテーションを実行してください。このミューテーションを実行している間、新しい写真データがサブスクリプションに送られてくることがわかるでしょう(**図7-1**)。

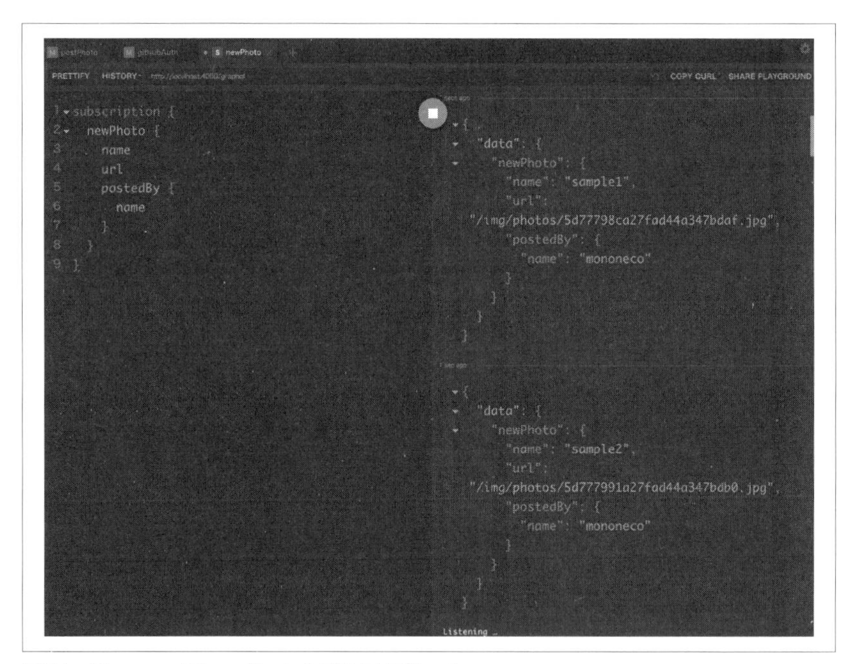

図7-1 PlaygroundのnewPhotoサブスクリプション

newUserサブスクリプションに挑戦

newUserサブスクリプションを実装できるでしょうか。githubLoginミューテーションもしくはaddFakeUsersミューテーションによって新しいユーザーがデータベースに追加されたときに必ず、**new-user**イベントをサブスクリプションに送信するようにできるでしょうか。

> **ヒント**：addFakeUsersを処理するときに、追加されたユーザーごとに一度ずつ、イベントを何度も送信する必要があるかもしれません。

解答は本書のGitHubリポジトリ（https://github.com/MoonHighway/learning-graphql/tree/master/chapter-07）にあります。

7.1.2 サブスクリプションの処理

前述のコラムの挑戦が完了していれば、写真共有サーバーはPhotosとUsersのためのサブスクリプションをサポートできています。次の節では、newUserサブスクリプションを購読するとすぐにページに新しいユーザーを表示するようにします。しかしその作業の前に、Apollo Clientがサブスクリプションを処理できるように設定する必要があります。

7.1.2.1 WebSocketLinkの追加

サブスクリプションはWebSocket上で使用されます。サーバーでWebSocketを有効にするには、新しいパッケージをインストールする必要があります。

```
npm install apollo-link-ws apollo-utilities subscription-transport-ws
```

ここから、Apollo Clientの設定にWebSocketリンクを追加したいと思います。photo-share-clientプロジェクトのsrc/index.jsファイルを開き、次のインポート文を追加してください。

```
import {
  InMemoryCache,
  HttpLink,
  ApolloLink,
  ApolloClient,
```

```
  split
} from 'apollo-boost'
import { WebSocketLink } from 'apollo-link-ws'
import { getMainDefinition } from 'apollo-utilities'
```

apollo-boostからsplitをインポートしていることに注意してください。これはGraphQLオペレーションをHTTPリクエストとWebSocketに分割するために使用します。オペレーションがミューテーションもしくはクエリなら、Apollo ClientはHTTPリクエストを送信します。オペレーションがサブスクリプションなら、クライアントはWebSocketで接続します。

Apollo Client内部では、ネットワークリクエストはApolloLinkで管理されていて、このアプリではGraphQLサービスへのHTTPリクエストの送信を担当しています。Apollo Clientを使用してオペレーションを送信すると、ネットワークリクエストを処理するためにそのオペレーションはApollo Linkに送信されます。Apollo LinkはWebSocketを使用したネットワーク接続を処理するためにも使用できます。

WebSocketをサポートするにはHttpLinkとWebSocketLinkという2種類のリンクを準備する必要があります。

```
const httpLink = new HttpLink({ uri: 'http://localhost:4000/graphql' })
const wsLink = new WebSocketLink({
  uri: `ws://localhost:4000/graphql`,
  options: { reconnect: true }
})
```

httpLinkはネットワークを通じてhttp://localhost:4000/graphqlへHTTPリクエストを送信するために利用し、wsLinkはws://localhost:4000/graphqlへのコネクションを使用してWebSocket経由でデータを受け取るために利用します。

リンクは組み合わせて使うことができます。つまり、お互いにつなぎ合わせてGraphQLオペレーションのために独自のパイプラインを構築できます。単一のApolloLinkを通じてオペレーションを送信するだけでなく、再利用可能なリンクのチェーンを通じてオペレーションを送信できます。リンクチェーンでは、チェーン内の最後のリンクに到達するまで各リンクがオペレーションを操作することで、リクエストを処理して結果を返します。

それでは、オペレーションに認可ヘッダーを付与する独自のApollo Linkを追加してhttpLinkとリンクチェーンを作ってみましょう。

```
const authLink = new ApolloLink((operation, forward) => {
```

```
    operation.setContext(context => ({
      headers: {
        ...context.headers,
        authorization: localStorage.getItem('token')
      }
    }))
    return forward(operation)
  })

  const httpAuthLink = authLink.concat(httpLink)
```

HTTPリクエストでユーザー認可を処理するために、`httpLink`を`authLink`と結びつけます。ここで使う`.concat`関数はJavaScriptで配列を結合するために使用する同名の関数とは別物なことに気をつけてください。これはリンクを結合する特殊な関数です。結合し、挙動をわかりやすく説明するために、リンクに`httpAuthLink`という適切な名前を付けます。オペレーションがこのリンクに渡されると、まず`authLink`が受け取って認可ヘッダーをオペレーションに追加します。次に`httpLink`が受け取ってネットワークリクエストが処理されます。もし、ExpressやReduxのミドルウェアに馴染みがあるのであれば、同様なものだと考えてかまいません。

まずは、クライアントにどのリンクを使用するか伝える必要があります。ここで`split`が役に立ちます。`split`関数は述語（predicate）の値に基づいて2つのApollo Linkのうちひとつを返します。`split`関数の最初の引数が述語です。述語は`true`または`false`を返す関数です。`split`関数の2つ目の引数は述語が`true`を返すときに返されるリンクで、3つ目の引数は述語が`false`を返すときに返されるリンクです。

オペレーションがサブスクリプションかどうかを確認する`split`リンクを実装しましょう。サブスクリプションなら`wsLink`を使用し、そうでなければ`httpLink`を使用してネットワークを処理します。

```
const link = split(
    ({ query }) => {
        const { kind, operation } = getMainDefinition(query)
        return kind === 'OperationDefinition' && operation === 'subscription'
    },
    wsLink,
    httpAuthLink
)
```

最初の引数は述語関数です。`getMainDefinition`関数を使用してオペレーションのquery ASTを確認します。オペレーションがサブスクリプションなら、述語はtrueを返します。述語がtrueを返すと、linkはwsLinkを返します。述語がfalseを返すと、linkはhttpAuthLinkを返します。

最後に、linkとcacheを渡し、カスタムリンクを使用するようにApollo Clientの設定を変更する必要があります。

```
const client = new ApolloClient({ cache, link })
```

これで、クライアントでサブスクリプションを処理する準備ができました。次の節では、Apollo Clientを使用して初めてのサブスクリプションオペレーションを送信します。

7.1.2.2 ユーザーの追加を待ち受ける

クライアントでは、LISTEN_FOR_USERSという定数を作成することで新しいユーザーを待ち受けることができます。この定数には新しいユーザーのgithubLogin、name、avatarを返すサブスクリプションを表す文字列が含まれています。

```
const LISTEN_FOR_USERS = gql`
  subscription {
    newUser {
      githubLogin
      name
      avatar
    }
  }
`
```

これで<Subscription />コンポーネントを使用して新しいユーザーを待ち受けられます。

```
<Subscription subscription={LISTEN_FOR_USERS}>
  {({ data, loading }) => loading ?
    <p>loading a new user...</p> :
    <div>
      <img src={data.newUser.avatar} alt="" />
      <h2>{data.newUser.name}</h2>
    </div>
</Subscription>
```

見てのとおり、<Subscription />コンポーネントの動作は<Mutation />コンポーネントや<Query />コンポーネントと同様です。先ほどの定数をsubscription

に設定すると、新しいユーザーが届いたときにデータが関数に渡されます。アプリでこのコンポーネントを使用する場合の問題は、新しいユーザーが1人追加されるたびにnewUserサブスクリプションが渡されることです。そのため、先ほどのコンポーネントからは最後の新しいユーザーだけが作成されたように見えます。

実現したいことは、写真共有クライアントが起動したときに新しいユーザーを待ち受け、新しいユーザーが追加されると現在のローカルキャッシュに追加することです。キャッシュが更新されるとUIは連動して更新されます。そのため、新しいユーザーに関してUIは何も変更する必要がありません。

ではAppコンポーネントを修正しましょう。まず、Reactコンポーネントのライフサイクルを利用できるようにclassコンポーネントに変換します。コンポーネントをマウントすると、サブスクリプションを通じて新しいユーザーの追加を待ち受け始めます。Appコンポーネントをアンマウントすると、サブスクリプションのunsubscribeメソッドを呼び出して、待ち受けを停止します。

```
import { withApollo } from 'react-apollo'

......

class App extends Component {

  componentDidMount() {
    let { client } = this.props
    this.listenForUsers = client
      .subscribe({ query: LISTEN_FOR_USERS })
      .subscribe(({ data:{ newUser } }) => {
        const data = client.readQuery({ query: ROOT_QUERY })
        data.totalUsers += 1
        data.allUsers = [
          ...data.allUsers,
          newUser
        ]
        client.writeQuery({ query: ROOT_QUERY, data })
      })
  }

  componentWillUnmount() {
    this.listenForUsers.unsubscribe()
  }
```

```
  render() {
    ......
  }
}

export default withApollo(App)
```

<App />コンポーネントをエクスポートする際、プロパティを通してアプリにクライアントを渡せるようにwithApollo関数を使用しています。コンポーネントをマウントすると、そのクライアントを使用して新しいユーザーの待ち受けを開始します。コンポーネントをアンマウントすると、unsubscribeメソッドを使用して購読を停止します。

サブスクリプションはclient.subscribe().subscribe()を使用して作成されます。最初のsubscribe関数はApollo Clientのメソッドで、サービスにサブスクリプションオペレーションを送信してオブザーバーオブジェクトを返します。2つ目のsubscribe関数はオブザーバーオブジェクトのメソッドで、ハンドラをオブザーバーに登録するために使用します。ハンドラはサブスクリプションがデータをクライアントにプッシュするたびに呼び出されます。上記のコードでは、新しいユーザーそれぞれの情報を取り出して、writeQueryでApollo Cacheに直接追加するハンドラを追加しました。

これで新しくユーザーが追加されると、すぐにローカルキャッシュにプッシュされ、UIに反映されるようになりました。サブスクリプションで情報を待ち受けているので、新しいユーザーはリアルタイムでリストに追加されるようになりました。もうsrc/Users.jsからローカルキャッシュを更新する必要はありません。ミューテーションのupdateプロパティとupdateUserCache関数をこのファイルから削除してください。<App />コンポーネントの全体は本書のGitHubリポジトリ（https://github.com/MoonHighway/learning-graphql/tree/master/chapter-07/photo-share-client）で確認できます。

7.2 ファイルアップロード

写真共有アプリケーションを完成させるには、最後にもうひとつだけ作業が残っています。実際に写真をアップロードできるようにすることです。GraphQLでファイルをアップロードするには、エンコーディングタイプとしてmultipart/form-dataを扱えるようにAPIとクライアントの両方を修正し、インターネット経由でファイルをPOST

ボディとして渡す必要があります。また、ファイルをGraphQLの引数として渡し、リゾルバ内でファイルを直接扱えるようにする修正も行います。

この実装を助けるため、apollo-upload-clientとapollo-upload-serverという2つのnpmパッケージを利用します。これらのパッケージは、いずれもWebブラウザからHTTP経由でファイルを渡すように設計されています。apollo-upload-clientはブラウザ上でファイルを受け取り、オペレーションでサーバーに渡すことを担当します。apollo-upload-serverはapollo-upload-clientからサーバーに渡されたファイルを扱うために用意されています。apollo-upload-serverはリゾルバに引数として送信する前に、ファイルを受け取って適切なクエリの引数にマップします。

7.2.1 サーバーでアップロードを処理する

Apollo Serverはデフォルトでapollo-upload-serverを使用しています。初めから動作しているので、npmでAPIプロジェクトにインストールする必要はありません。GraphQL APIはアップロードされたファイルを受け付ける準備が必要です。Uploadカスタムスカラー型がApollo Serverで提供されていて、アップロードされたファイルのstreamとmimetype、encodingを取り出すために利用できます。

まずスキーマから始めましょう。型定義にカスタムスカラーを追加します。スキーマファイルにUploadスカラーを追加してください。

```
scalar Upload

input PostPhotoInput {
  name: String!
  category: Photo_Category = PORTRAIT
  description: String,
  file: Upload!
}
```

Upload型を使用するとPostPhotoInputでファイルのコンテンツを扱えます。つまり、ファイル自身をリゾルバで受け取ることができるようになります。Upload型はstreamを含むファイルに関する情報を保持していて、そのストリームを使用することでファイルを保存できます。このstreamをpostPhotoミューテーション内で使用しましょう。resolvers/Mutation.jsにあるpostPhotoミューテーションの一番下に以下のコードを追加してください。

```
const { uploadStream } = require('../lib')
const path = require('path')
```

```
......

async postPhoto(root, args, { db, user, pubsub }) => {

  ......

  var toPath = path.join(
    __dirname, '..', 'assets', 'photos', `${photo.id}.jpg`
  )

  await { stream } = args.input.file
  await uploadFile(input.file, toPath)

  pubsub.publish('photo-added', { newPhoto: photo })

  return photo
}
```

この例では、uploadStream関数はアップロードが完了したときに解決されるプロミスを返します。file引数にはアップロードストリームが含まれています。このストリームをwriteStreamにパイプするとローカルのassets/photosディレクトリに保存できます。新しく投稿された写真はそれぞれ一意のIDを持つように名前を付けられます。この例では話を簡単にするため、JPEG画像だけを扱っています。

これらの写真ファイルを同じAPIで提供したければ、Expressアプリケーションにミドルウェアをいくつか追加して、静的なJPEGファイルを提供できるようにする必要があります。Apollo Serverをセットアップしたindex.jsファイルでexpress.staticミドルウェアを追加してください。このミドルウェアを使用すると、ローカルの静的ファイルをルートで公開できるようになります。

```
const path = require('path')

......

app.use(
  '/img/photos',
  express.static(path.join(__dirname, 'assets', 'photos'))
)
```

この短いコードにより、/img/photosへのHTTPリクエストに対してassets/

photos内の静的ファイルを提供できるようになります。

これでサーバーの準備が整い、写真のアップロードを処理できるようになりました。次にクライアントサイドの実装に移り、写真をアップロードするためのフォームを作成しましょう。

ファイルサービスの利用

実際のNode.jsアプリケーションでは、アップロードされたファイルはクラウドベースのファイルストレージサービスに保存するのが通常でしょう。先ほどの例ではuploadFile関数を使用して、ファイルをローカルのディレクトリにアップロードしました。そのため、このサンプルアプリケーションのスケーラビリティに制限がかかります。AWSやGoogle Cloud、Cloudinaryのようなサービスを利用すると、分散したアプリケーションからの大量のファイルアップロードであっても処理することができます。

7.2.2 Apollo Clientを使用した写真の新規投稿

それでは、クライアント側で写真を処理しましょう。初めに写真を表示するために、ROOT_QUERYにallPhotosフィールドを追加する必要があります。src/App.jsファイルの以下のクエリを修正してください。

```
export const ROOT_QUERY = gql`
  query allUsers {
    totalUsers
    totalPhotos
    allUsers { ...userInfo }
    me { ...userInfo }
    allPhotos {
      id
      name
      url
    }
  }

  fragment userInfo on User {
    githubLogin
    name
    avatar
  }
`
```

Webサイトを読み込んだときに、データベースに保存されたすべての写真のidとname、urlを受け取ります。この情報を利用して写真を表示できます。それぞれの写真を表示するためのPhotosコンポーネントを作りましょう。

```
import React from 'react'
import { Query } from 'react-apollo'
import { ROOT_QUERY } from './App'

const Photos = () =>
  <Query query={ALL_PHOTOS_QUERY}>
    {({loading, data}) => loading ?
      <p>loading...</p> :
      data.allPhotos.map(photo =>
        <img
          key={photo.id}
          src={photo.url}
          alt={photo.name}
          width={350} />
      )
    }
  </Query>

export default Photos
```

QueryコンポーネントはROOT_QUERYをプロパティとして受け取っていることを覚えているでしょうか。そのためレンダープロップパターンを使用して、読み込みが完了したときにすべての写真を表示できます。data.allPhotos配列の中のそれぞれの写真に対して、photoオブジェクトから取り出したphoto.urlやphoto.nameなどのメタデータを使用して新しいimg要素を追加します。

このコードをAppコンポーネントに追加すると、写真が表示されます。しかし、先にもうひとつ別のコンポーネントを作成しましょう。次のような内容のPostPhotoコンポーネントを作成してください。

```
import React, { Component } from 'react'

export default class PostPhoto extends Component {

  state = {
    name: '',
    description: '',
    category: 'PORTRAIT',
```

```
  file: ''
}

postPhoto = (mutation) => {
  console.log('todo: post photo')
  console.log(this.state)
}

render() {
  return (
    <form onSubmit={e => e.preventDefault()}
      style={{
        display: 'flex',
        flexDirection: 'column',
        justifyContent: 'flex-start',
        alignItems: 'flex-start'
      }}>

      <h1>Post a Photo</h1>

      <input type="text"
        style={{ margin: '10px' }}
        placeholder="photo name..."
        value={this.state.name}
        onChange={({target}) =>
          this.setState({ name: target.value })} />

      <textarea type="text"
        style={{ margin: '10px' }}
        placeholder="photo description..."
        value={this.state.description}
        onChange={({target}) =>
          this.setState({ description: target.value })} />

      <select value={this.state.category}
        style={{ margin: '10px' }}
        onChange={({target}) =>
          this.setState({ category: target.value })}>
        <option value="PORTRAIT">PORTRAIT</option>
        <option value="LANDSCAPE">LANDSCAPE</option>
        <option value="ACTION">ACTION</option>
        <option value="GRAPHIC">GRAPHIC</option>
      </select>
```

```
          <input type="file"
            style={{ margin: '10px' }}
            accept="image/jpeg"
            onChange={({target}) =>
              this.setState({
                file: target.files && target.files.length ?
                  target.files[0] :
                  ''
            })} />

          <div style={{ margin: '10px' }}>
            <button onClick={() => this.postPhoto()}>
              Post Photo
            </button>
            <button onClick={() => this.props.history.goBack()}>
              Cancel
            </button>
          </div>

        </form>
      )
    }

  }
```

PostPhotoは単なるフォームです。このフォームにはファイルのname、description、category、そしてfile自身を送信するためのinput要素があります。それぞれの要素はstate変数と紐づいているので、Reactではこれを制御されたコンポーネント（Controlled Component）と呼びます。入力フィールドの値が変更されると、同時にPostPhotoコンポーネントの状態も変更されます。

［Post Photo］ボタンを押すと写真を投稿します。file入力フィールドはJPEGを受け取り、fileの状態を設定します。この状態フィールドは単なるテキストではなく、実際のファイルを表します。話を簡単にするため、このコンポーネントのフォームには一切バリデーションを設定していません。

これで新しいコンポーネントをAppコンポーネントに追加できます。追加すると、ホームルートにUserとPhotosが表示されることを確認できます。フォームを表示するために使用する/newPhotoルートを追加しておきます。

```
import React, { Fragment } from 'react'
import { Switch, Route, BrowserRouter } from 'react-router-dom'
import Users from './Users'
import Photos from './Photos'
import PostPhoto from './PostPhoto'
import AuthorizedUser from './AuthorizedUser'

const App = () =>
  <BrowserRouter>
    <Switch>
      <Route
        exact
        path="/"
        component={() =>
          <Fragment>
            <AuthorizedUser />
            <Users />
            <Photos />
          </Fragment>
        } />
      <Route path="/newPhoto" component={PostPhoto} />
      <Route component={({ location }) =>
        <h1>"{location.pathname}" not found</h1>
      } />
    </Switch>
  </BrowserRouter>

export default App
```

<Switch>コンポーネントを使用すると、ひとつのルートを選択して描画できます。URLがホームルート"/"なら、AuthorizedUserコンポーネント、Usersコンポーネント、Photosコンポーネントを含むコンポーネントを表示します。FragmentはReactにおいて、余計なdiv要素でラップせずに、横並びのコンポーネントを表示したいときに使用されます。ルートが"/newPhoto"なら、写真の新規追加フォームを表示します。ルートが識別できなければ、h1要素を表示して、ユーザーに定義されたルートが見つけられなかったことを通知します。

認可されたユーザーだけが写真を投稿できるので、AuthorizedUserコンポーネントに［Post Photo］ボタンのNavLinkを追加します。このボタンをクリックするとPostPhotoが描画されます。

```
import { withRouter, NavLink } from 'react-router-dom'

......

class AuthorizedUser extends Component {

  ......

  render() {
    return (
      <Query query={ME_QUERY}>
        {({ loading, data }) => data.me ?
          <div>
            <img
              src={data.me.avatar_url}
              width={48}
              height={48}
              alt="" />
            <h1>{data.me.name}</h1>
            <button onClick={this.logout}>logout</button>
            <NavLink to="/newPhoto">Post Photo</NavLink>
          </div> :

  ......
```

ここで`<NavLink>`コンポーネントをインポートします。［Post Photo］ボタンがクリックされると、ユーザーは`/newPhoto`ルートに移動します。

この時点で、アプリのナビゲーションは動作するはずです。ユーザーは画面間を移動できます。写真を投稿すると、必要な入力データがコンソールに出力されることを確認できるでしょう。それでは、ファイルを含むデータの投稿処理とそのミューテーションへの送信を実装しましょう。

まず、`apollo-upload-client`をインストールします。

```
npm install apollo-upload-client
```

これから、現在のHTTPリンクを`apollo-upload-client`で提供されているHTTPリンクに置き換えていきます。このリンクは、アップロードファイルを含んだ`multipart/form-data`リクエストをサポートしています。このリンクは`createUploadLink`関数を使用して作成します。

```
import { createUploadLink } from 'apollo-upload-client'
```

```
......

const httpLink = createUploadLink({
  uri: 'http://localhost:4000/graphql'
})
```

createUploadLink関数を使用して古いHTTPリンクを新しいものと交換しました。HTTPリンクとほとんど同じに見えますが、APIルートがurlとして含まれています。

では、postPhotoミューテーションをPostPhotoフォームに追加しましょう。

```
import React, { Component } from 'react'
import { Mutation } from 'react-apollo'
import { gql } from 'apollo-boost'
import { ROOT_QUERY } from './App'

const POST_PHOTO_MUTATION = gql`
  mutation postPhoto($input: PostPhotoInput!) {
    postPhoto(input:$input) {
      id
      name
      url
    }
  }
`
```

POST_PHOTO_MUTATIONはASTとしてパース済みのミューテーションで、サーバーに送信できます。このミューテーションの結果として得られる新しい写真をローカルキャッシュに保存するために必要なので、ALL_PHOTOS_QUERYもインポートしています。

ミューテーションを追加するために、[Post Photo]ボタン要素をMutationコンポーネントでラップします。

```
<div style={{ margin: '10px' }}>
  <Mutation mutation={POST_PHOTO_MUTATION}
    update={updatePhotos}>
    {mutation =>
      <button onClick={() => this.postPhoto(mutation)}>
        Post Photo
      </button>
    }
```

```
    </Mutation>
    <button onClick={() => this.props.history.goBack()}>
      Cancel
    </button>
  </div>
```

Mutationコンポーネントはミューテーションを関数として渡します。ボタンをクリックしたときに、ミューテーション関数を`postPhoto`に渡し、写真データを更新するために使用します。ミューテーションが完了すると、`updatePhotos`関数を呼び出してローカルキャッシュを更新します。

それでは、実際にミューテーションを送信しましょう。

```
postPhoto = async (mutation) => {
  await mutation({
    variables: {
      input: this.state
    }
  }).catch(console.error)
  this.props.history.replace('/')
}
```

このミューテーション関数はプロミスを返します。処理が完了すると、React Routerを使用して`history`プロパティで現在のルートを置き換え、ユーザーをホームページに遷移させます。ミューテーションが完了したときに、そこから返されるデータを受け取ってローカルキャッシュを更新する必要があります。

```
const updatePhotos = (cache, { data:{ postPhoto } }) => {
  var data = cache.readQuery({ query: ALL_PHOTOS_QUERY })
  data.allPhotos = [
    postPhoto,
    ...allPhotos
  ]
  cache.writeQuery({ query: ALL_PHOTOS_QUERY, data })
}
```

`updatePhotos`メソッドはキャッシュを更新します。`ROOT_QUERY`を使用してキャッシュから写真を読み取り、その後で`writeQuery`を使用して新しい写真をキャッシュに追加します。このちょっとした処理によりローカルディスクへの同期が確実になります。

これで新しい写真を投稿する準備が整いました。実際にやってみてください。

クエリ、ミューテーション、サブスクリプションをクライアントサイドでどのように扱うかを詳しく見てきました。React Apolloを使用すると、`<Query>`、`<Mutation>`、`<Subscription>`などのコンポーネントを利用して、GraphQLサービスとユーザーインターフェースの間のデータのやり取りをサポートできます。

これでアプリケーションが利用できるようになりました。次は、セキュリティを扱うレイヤーを追加しましょう。

7.3 セキュリティ

GraphQLサービスにより、クライアントは大きな自由と柔軟性を手に入れます。柔軟とは、単一のリクエストで、多くのソースからデータを問い合わせられるということです。また、大量の関係したデータを単一のリクエストでリクエストすることもできます。特に制限をかけないでおくと、クライアントがひとつのリクエストで、サービスに対して膨大なデータをリクエストすることもできてしまいます。巨大なクエリによる圧力でサーバーのパフォーマンスが影響を受けるだけでなく、サービス全体を落としてしまうかもしれません。クライアントの中には意図せずこのようなことをしてしまうものもあれば、悪意を持って行うものもあるでしょう。いずれにしても、巨大もしくは悪意あるクエリからサービスを守るために、何らかの防衛手段を用意するとともに、サーバーのパフォーマンスを監視する必要があります。

次の節では、GraphQLサービスのセキュリティを改善するために利用できるオプションをいくつか紹介します。

7.3.1 リクエストタイムアウト

リクエストタイムアウトは、巨大であったり悪意のあるクエリに対する最初の防衛線です。リクエストタイムアウトを使用すると、それぞれのリクエストを処理するために使用する時間の長さを制限できます。つまり、サービスのリクエストは特定の時間枠内で完了しなければいけません。リクエストタイムアウトはGraphQLサービスでだけ利用されているものではなく、インターネット上のあらゆる種類のサービスやプロセスで利用されています。もしかすると、大きすぎるPOSTデータを含む非常に長いリクエストから守るために、Representational State Transfer (REST) APIにタイムアウトを実装したことがあるかもしれません。

Expressサーバーに`timeout`キーを設定すると、リクエスト全体のタイムアウトを設定できます。以下の例では、問題のあるクエリから守るために、5秒のタイムアウトを設定しました。

```
const httpServer = createServer(app)
server.installSubscriptionHandlers(httpServer)

httpServer.timeout = 5000
```

さらに、クエリ全体や個別のリゾルバにタイムアウトを設定することもできます。クエリやリゾルバに対してうまくタイムアウトを実装するには、それぞれのクエリやリゾルバの開始時間を記録して、望ましいタイムアウト時間を検討することです。それぞれのリクエストの開始時間は、contextの中で記録できます。

```
const context = async ({ request }) => {

  ......

  return {
    ......
    timestamp: performance.now()
  }

}
```

これで、それぞれのリゾルバはいつクエリが開始したかがわかるようになり、クエリの処理に長く時間がかかりすぎているときにエラーを投げることができます。

7.3.2 データの制限

巨大もしくは悪意あるクエリを寄せつけないためのもうひとつの簡単な防衛手段は、それぞれのクエリで返せるデータの量を制限することです。クエリがいくつのレコードを返すことができるかを指定すると、特定の数のレコードや1ページ分のデータだけを返すことができます。

「4章 スキーマの設計」で、データのページングを処理するスキーマを設計したことを覚えているでしょう。しかし、クライアントが極端に大きなページのデータをリクエストしたらどうなるでしょうか。例えば、クライアントは簡単にこのような指定をできます。

```
query allPhotos {
  allPhotos(first=99999) {
    name
    url
    postedBy {
```

```
        name
        avatar
      }
    }
  }
```

単に、データのページの大きさを制限するだけで、この類の巨大なリクエストから守ることができます。例として、GraphQLサーバーに1クエリ内に含める写真の数を最大で100枚とする制限を追加してみます。クエリリゾルバで、次のように引数のチェック処理を追加します。

```
allPhotos: (root, data, context) {
  if (data.first > 100) {
    throw new Error('Only 100 photos can be requested at a time')
  }
}
```

リクエストできるレコードの数が多いときは、データのページングを実装することをお勧めします。データのページングは、クエリの返すレコードの数を指定するだけで実現できます。

7.3.3 クエリ深さの制限

GraphQLがクライアントに提供する利点のひとつは、関係するデータを問い合わせられることです。例えば、Photo APIでは、ある写真についての情報と、その投稿者、そして同じ人が投稿したすべての写真を一度に取得するためのクエリを作成できます。

```
query getPhoto($id:ID!) {
  Photo(id:$id) {
    name
    url
    postedBy {
      name
      avatar
      postedPhotos {
        name
        url
      }
    }
  }
}
```

これは、アプリケーションのネットワークパフォーマンスを改善できる非常に素晴らしい機能です。先ほどのクエリは写真自体に加えて、postedByとpostedPhotosという2つの関連するフィールドを問い合わせているので、深さは3であると言えます。クエリのルートは深さ0、Photoフィールドは深さ1、postedByフィールドは深さ2、postedPhotosフィールドは深さ3です。

クライアントはこの機能を活用できます。次のようなクエリを考えてみましょう。

```
query getPhoto($id:ID!) {
  Photo(id:$id) {
    name
    url
    postedBy {
      name
      avatar
      postedPhotos {
        name
        url
        taggedUsers {
          name
          avatar
          postedPhotos {
            name
            url
          }
        }
      }
    }
  }
}
```

先ほどのクエリを、さらに2つ分深くしてみました。元の写真の撮影者が投稿したすべての写真のtaggedUsersと、その全taggedUsersのpostedPhotosです。つまり、元となる写真について問い合わせたとき、このクエリはこれまで投稿したすべての写真、それらの写真にタグ付けしたすべてのユーザー、それらのタグ付けしたすべてのユーザーが投稿したすべての写真を取得しようとします。大量のデータが要求されており、リゾルバも大量の処理を行う必要があります。クエリの深さによる負荷は指数関数的に増加し、すぐに手に負えなくなります。

GraphQLサービスに、クエリの深さ制限を指定することができます。これで、深いクエリによるサービスの停止を防ぐことができます。クエリの深さ制限を3に設定すれば、最初のクエリは許容されますが、2つ目のクエリの深さは5なので、許容されなくなります。

クエリの深さ制限は通常、クエリのASTをパースして、オブジェクトの選択セットがどれだけ深くネストされているかを判定することによって実装されます。このタスクを実現するために利用できる`graphql-depth-limit`のようなnpmパッケージもあります。

```
npm install graphql-depth-limit
```

このパッケージをインストールすると、`depthLimit`関数を使用してGraphQLサーバーの設定にバリデーションルールを追加できます。

```
const depthLimit = require('graphql-depth-limit')

......

const server = new ApolloServer({
  typeDefs,
  resolvers,
  validationRules: [depthLimit(5)],
  context: async({ req, connection }) => {
    ......
  }
})
```

ここでは、クエリ深さ制限を5に設定しました。つまり、クライアントは選択セットの深さが5までのクエリを作成することができます。もし深さがそれ以上になったら、GraphQLサーバーはクエリの実行を中止し、エラーを返します。

7.3.4 クエリの複雑さ制限

問題になりそうなクエリを識別する助けになるもうひとつの基準値は**クエリ複雑度**です。大した深さでないにもかかわらず、問い合わせられるフィールドの量が多いために負荷が高くなるクエリがあります。例えば、次のようなクエリを考えてみましょう。

```
query everything($id:ID!) {
  totalUsers
  Photo(id:$id) {
    name
    url
  }
```

```
    allUsers {
      id
      name
      avatar
      postedPhotos {
        name
        url
      }
      inPhotos {
        name
        url
        taggedUsers {
          id
        }
      }
    }
  }
```

everythingクエリはクエリの深さ制限内に収まっていますが、それでも問い合わせられるフィールドの数が多く、非常に高コストな処理になります。フィールドはそれぞれ呼び出す必要のあるresolver関数にマップされることを思い出してください。

クエリ複雑度は、それぞれのフィールドに設定された複雑度をすべて合計したものです。全体の制限を設定して、許容されるクエリの最大複雑度を指定できます。クエリ複雑度を実装するとき、負荷の高いリゾルバを把握しておき、それらのフィールドに高い複雑度を設定することもできます。

クエリ複雑度の制限の実装をサポートするnpmパッケージがいくつかあります。その中のひとつ、graphql-validation-complexityを使用して、サービスにクエリ複雑度を実装する方法を確認してみましょう。

```
npm install graphql-validation-complexity
```

graphql-validation-complexityには、クエリの複雑度を決定するために初めから用意されているデフォルトルールがいくつかあります。そのルールでは、スカラーフィールドはそれぞれ値1が設定され、フィールドがリストなら10倍ずつ値を増やしたものが設定されています。

例として、graphql-validation-complexityがeverythingクエリをどのように点数付けするかを見てみましょう。

```
query everything($id:ID!) {
  totalUsers       # 複雑度1
  Photo(id:$id) {
    name           # 複雑度1
    url            # 複雑度1
  }
  allUsers {
    id             # 複雑度10
    name           # 複雑度10
    avatar         # 複雑度10
    postedPhotos {
      name         # 複雑度100
      url          # 複雑度100
    }
    inPhotos {
      name         # 複雑度100
      url          # 複雑度100
      taggedUsers {
        id         # 複雑度1000
      }
    }
  }
}             # 総複雑度1433
```

graphql-validation-complexityはデフォルトでそれぞれのフィールドに値を設定し、リストが入れ子になるたびに値を10倍します。この例ではtotalUsersは単一の整数フィールドなので、複雑度として1が設定されます。単一のPhotoのフィールドのクエリも同じ値になります。allUsersリストの中でクエリされるフィールドは、値10が設定されていることがわかるでしょう。リストフィールドはすべて10倍されます。したがって、リストの中のリストは100という値が設定されます。taggedUsersはinPhotosリストの中にあるリストで、inPhotosもallUsersリストの中にあるので、taggedUserフィールドの値は10×10×10、つまり1000になります。

クエリ全体の複雑度の制限を1000に設定すると、このような特殊なクエリの実行を防ぐことができます。

```
const { createComplexityLimitRule } = require('graphql-validation-complexity')

......

 const options = {
```

```
  ......

  validationRules: [
    depthLimit(5),
    createComplexityLimitRule(1000, {
      onCost: cost => console.log('query cost: ', cost)
    })
  ]
}
```

この例では、graphql-validation-complexityパッケージのcreateComplexityLimitRuleを使用して、最大複雑度を1000に制限しました。また、それぞれのクエリの総コストが計算されたときに、その値を引数として呼び出されるonCost関数も実装しています。先ほどのクエリは最大複雑度が1000を超えているので、この条件下では実行が許可されません。

クエリ複雑度を扱うパッケージのほとんどで、独自ルールを設定できます。graphql-validation-complexityパッケージでは、スカラー値、オブジェクト、リストに設定される複雑度の値を変更できます。非常に複雑で高コストとみなせる任意のフィールドに、独自の複雑度を設定することも可能です。

7.3.5 Apollo Engine

セキュリティ機能をただ実装して、後はその設定でうまくいくことを祈るというのは良いやり方ではありません。優れたセキュリティ戦略やパフォーマンス戦略には、定量化が必要です。よく利用されているクエリを識別したり、パフォーマンス上のボトルネックの場所を把握できるように、GraphQLサービスをモニターする手段が必要です。

Apollo Engineを使用すると、GraphQLサービスをモニターできます。しかし、単なるモニタリングツールではありません。Apollo Engineは強固なクラウドサービスで、GraphQLレイヤーの情報を収集してくれるので、サービスを安心して本番稼働できるようになります。サービスに送信されたGraphQLオペレーションをモニターして、https://engine.apollographql.comからオンラインで利用できる、詳細なライブレポートを提供しています。最もよく利用されるクエリを識別したり、実行時間をモニターしたり、エラーを監視したり、ボトルネックを発見できます。また、バリデーションを含むスキーマ管理ツールも提供してくれます。

Apollo EngineはすでにApollo Server 2.0の実装に組み込まれています。コードを1

行足すだけで、Apollo Serverを実行していれば、サーバーレス環境やエッジを含むあらゆる場所でEngineを実行できます。そのために必要なのは`engine`キーを`true`に設定するだけです。

```
const server = new ApolloServer({
  typeDefs,
  resolvers,
  engine: true
})
```

次に、`ENGINE_API_KEY`という環境変数にApollo Engine APIキーを設定します。https://engine.apollographql.comにアクセスしてアカウントを作成し、キーを生成してください。

アプリケーションをApollo Engine上で公開するには、Apollo CLIツールをインストールする必要があります。

```
npm install -g apollo
```

インストールが完了すれば、CLIを使用してアプリを公開できます。

```
apollo schema:publish \
    --key=<YOUR ENGINE API KEY> \
    --endpoint=http://localhost:4000/graphql
```

環境変数に`ENGINE_API_KEY`を追加することも忘れないでください。

これで写真共有GraphQL APIを実行すると、GraphQLサービスに送信されるすべてのオペレーションがモニターされるようになります。モニターされた結果は、EngineのWebサイトでアクティビティレポートの形で閲覧できます。このアクティビティレポートは、ボトルネックを発見して解消するのに役立ちます。また、Apollo Engineはサービスのパフォーマンスを監視するだけでなく、クエリに対するパフォーマンスやレスポンスタイムも向上させます。

7.4 次の段階にすすむ

これまで本書を通じて、グラフ理論について学び、クエリを書き、スキーマを設計してきました。そして、GraphQLサーバーをセットアップし、GraphQLクライアントソリューションを試しました。基礎が身についたので、GraphQLを使用したアプリケーションを改善するために必要なものを使うことができます。ここでは、あなたがこれから作るGraphQLアプリケーションをさらにサポートするいくつかのコンセプトとリソースを共有します。

7.4.1 漸進的なマイグレーション

写真共有アプリは新規開発プロジェクトの典型例です。しかし、すでに何かのプロジェクトに携わっているなら、何もないところから開始するような贅沢は望めないでしょう。GraphQLの柔軟性を利用すれば、GraphQLを漸進的に組み込むことができます。すべてを取り壊して作り直さなければGraphQLの機能から恩恵を得られないというわけではありません。以下の考え方に従うと少しずつ始められます。

RESTからリゾルバにデータをフェッチする

すべてのRESTエンドポイントを再構築する代わりに、GraphQLをゲートウェイとして使用し、リゾルバの中でサーバー上のデータを取得するリクエストを作成しましょう。クエリのレスポンスタイムを改善するために、サービスはRESTから送信されたデータをキャッシュしてもいいでしょう。

もしくはGraphQLリクエストを使用する

強固なクライアントソリューションは素晴らしいものですが、それらを初めから実装するのは準備が面倒かもしれません。簡単に始めるために、`graphql-request`を使用して、REST APIのために`fetch`を使用するのと同じ場所でリクエストを作成しましょう。この方法でひとまずGraphQLを使用し始め、パフォーマンスのための最適化が準備できれば、より包括的なクライアントに近づけていくことができます。単一のアプリで、4つのRESTエンドポイントとひとつのGraphQLサービスからデータを取得してもまったく問題はありません。すべてを同時にGraphQLに切り替えなければいけないわけではありません。

ひとつか2つのコンポーネントにGraphQLを組み込む

サイト全体を作り直す代わりに、コンポーネントまたはページをひとつ選んで、GraphQLでその特定の機能にデータを提供できるようにしましょう。変更を加えたコンポーネントがうまく機能するか様子を見ましょう。その間、サイト内のそれ以外すべての部分はそのままにしておきましょう。

新しいRESTエンドポイントを作成しない

新しいサービスや機能が必要なら、RESTを拡張するのではなく、GraphQLエンドポイントを作成しましょう。GraphQLエンドポイントは、RESTエンドポイントと同じサーバーでホストできます。Expressはリクエストが REST関数にルーティングされるか、GraphQLリゾルバにルーティングされるかを意識しません。タスクに新しいRESTエンドポイントが欲しくなるたびに、その機能をGraphQLサービスに追加しましょう。

現在のRESTエンドポイントをメンテナンスしない

今後、RESTエンドポイントに変更を加えたり、特定のデータのためのエンドポイントを作ったりしたくなったとしても、それはやめておきましょう！ 代わりに、そのエンドポイントを切り離して、GraphQLで書き換えましょう。このようにすると、少しずつREST API全体をGraphQLに移行していけます。

GraohQLに少しずつ移行すると、ゼロから始めるときにありがちな苦労をすることなく、すぐにGraphQLの恩恵を得ることができます。すでにあるものから始めると、GraphQLへの移行をスムーズで漸進的に実現できます。

7.4.2 スキーマファースト開発

新しいWebプロジェクトのミーティングに参加しているとします。異なるフロントエンドチームとバックエンドチームのメンバーが参加しています。ミーティングの後で、誰かが仕様書を用意しましたが、そのドキュメントは長すぎて十分に活用されないというのはよくある話です。それぞれのチームがはっきりとしたガイドラインがないままコーディングを始めてしまうと、プロジェクトはスケジュールから遅れ、リリースした頃には誰にとっても初期に期待したものとは異なるものになってしまうでしょう。

Webプロジェクトの問題は、何を構築すべきかに関するコミュニケーションの不足か、コミュニケーションの齟齬に由来することがほとんどです。スキーマがあれば明確さとコミュニケーションが得られます。多くのプロジェクトが**スキーマファースト開発**を採用するのはこれが理由です。ドメインに固有な実装の詳細によって泥沼にはまり込むのではなく、何かを構築する前に異種のチームが協力してスキーマを明確にできます。

スキーマはフロントエンドチームとバックエンドチームの合意です。アプリケーションに関するすべてデータの関連を定義しています。各チームがスキーマを了承すると、チームはスキーマを満たすことを目標として個別に作業できます。スキーマを提供するための作業により型定義が明確になるのでより良い結果が得られます。フロントエンドチームはユーザーインターフェースに関係するデータを読み込むためにどのクエリを使用すればいいかがすぐにわかります。バックエンドチームはどのデータが必要でどのようにそれらをサポートするべきかが明確にわかります。スキーマファースト開発には明確な設計図があり、チームはより多くの同意と少ないストレスでプロジェクトを構築できます。

モック生成はスキーマファースト開発の重要な一部です。フロントエンドチームはスキーマが得られるとモックを使用してすぐにコンポーネントの作成を開始できます。次のコードで、`http://localhost:4000`を使用してモックGraphQLサービスを開始できるようになります。

```
const { ApolloServer } = require('apollo-server')
const { readFileSync } = require('fs')

var typeDefs = readFileSync('./typeDefs.graphql', 'UTF-8')

const server = new ApolloServer({ typeDefs, mocks: true })

server.listen()
```

スキーマファースト開発で得られた`typeDefs.graphql`ファイルがあれば、バックエンドチームが実際のサービスを実装するまでの間、クエリやミューテーション、サブスクリプションオペレーションをモックGraphQLサービスに送信するようにしてUIコンポーネントの開発を開始できます。

モックはそれぞれのスキーマ型に対するデフォルト値を出力します。フィールドが文字列に解決されることが想定される場所では常にデータとして"Hello World"が与えられます。

モックサーバーから返されるデータはカスタマイズできます。それにより、より実際のデータに近いデータを返すことができます。これはユーザーインターフェースのスタイリングのタスクをサポートできる重要な機能です。

```
const { ApolloServer, MockList } = require('apollo-server')
const { readFileSync } = require('fs')

const typeDefs = readFileSync('./typeDefs.graphql', 'UTF-8')
const resolvers = {}

const mocks = {
  Query: () => ({
    totalPhotos: () => 42,
    allPhotos: () => new MockList([5, 10]),
    Photo: () => ({
```

```
      name: 'sample photo',
      description: null
    })
  })
}

const server = new ApolloServer({
  typeDefs,
  resolvers,
  mocks
})

server.listen({ port: 4000 }, () =>
  console.log(`Mock Photo Share GraphQL Service`)
)
```

上記のコードはPhotoフィールドに加えて、モックにtotalPhotosフィールドとallPhotosフィールドを追加します。totalPhotosを問い合わせると常に42が返ります。allPhotosフィールドを問い合わせると、5枚から10枚の写真を受け取ります。MockListコンストラクタはapollo-serverに含まれていて、特定の長さのリスト型を生成するために使用します。Photoタイプがサービスによって解決されるときは常に、写真のnameは'sample photo'になり、descriptionはnullになります。fakerやcasualなどのパッケージと組み合わせると非常に強固なモックを作成できます。これらのnpmを使用すると、あらゆる種類の仮データを提供し、本物のようなモックを構築できます。

Apollo Serverでのモック作成についてさらに詳細に学ぶには、Apolloのドキュメント（https://www.apollographql.com/docs/apollo-server/v2/features/mocking.html）を確認してください。

7.4.3 GraphQLイベント

GraphQLに焦点を当てたカンファレンスやミートアップはたくさんあります。

GraphQL Summit（https://summit.graphql.com/）

Apollo GraphQLによって企画されたカンファレンス

GraphQL Day（https://www.graphqlday.org/）

オランダのハンズオン開発者カンファレンス

GraphQL Europe (https://www.graphql-europe.org/)

ヨーロッパでのGraphQLに関する非営利カンファレンス

GraphQL Finland (https://graphql-finland.fi/)

フィンランドのヘルシンキで開催されるコミュニティによるGraphQLカンファレンス

ほとんどの開発者カンファレンスで、GraphQLに関する発表が行われています。JavaScriptに焦点を当てたカンファレンスでは特に盛り上がっています。

近所でイベントを探しているなら、世界中の都市でGraphQLミートアップが開催されていますので探してみましょう（http://bit.ly/2lnBMB0）。もし近くになければ、自分でローカルグループを立ち上げることもできます！

7.4.4 コミュニティ

GraphQLは素晴らしい技術で大人気です。GraphQLコミュニティによる熱心なサポートも人気の理由です。コミュニティは誰でも歓迎し、使い始めたり最新の変更を追従し続けたりするための多くの方法があります。

GraphQLについて得られた知識は、ほかのライブラリやツールを探索するときの良い土台となります。スキルを拡張するために次のステップに移りたいと思っているなら、次のようなトピックがあります。

Schema Stitching

Schema Stitchingを使用すると、複数のGraphQL APIから単一のGraphQLスキーマを作成できます。Apolloもリモートスキーマの組み合わせのような素晴らしいツールを提供しています。このようなプロジェクトに取り込む方法についてはApolloのドキュメント（http://bit.ly/2KcibP6）から学習してください。

Prisma

本書全体を通じてPrismaチームによる2つのツール、GraphQL PlaygroundとGraphQL Requestを利用してきました。Prismaは使用しているデータベースにかかわらず、既存のデータベースをGraphQL APIに変えるツールです。GraphQL APIはクライアントとデータベースの間で動くものですが、PrismaはGraphQL APIとデータベースの間で動きます。Prismaはオープンソースなので、任意のクラウドプロバイダで稼働している本番環境にサービスをデプロイできます。

同チームはPrisma Cloudという関連ツールも公開しています。Prisma CloudはPrismaサービスのためのホスティングプラットフォームです。独自のホスティングを準備する代わりにPrisma Cloudを使用すると、DevOps関係のすべてを任せられます。

AWS AppSync

このエコシステム内のもうひとつの新しいプレイヤーはAmazon Web Serviceです。GraphQLサービスを準備するプロセスを単純化するGraphQLとApolloツールに基づいた新しい製品をリリースしました。AppSyncを使用すると、スキーマを作成して、それからデータソースに接続できます。AppSyncはリアルタイムにデータを更新し、オフラインのデータ変更も処理できます。

7.4.5 コミュニティのSlackチャンネル

新たに始めるもうひとつの素晴らしい方法は、さまざまなGraphQLコミュニティのSlackチャンネルに参加することです。GraphQLの最新ニュースを追いかけられるだけでなく、質問することもでき、その技術の作者から答えが得られることも時々あります。

どこからでもそのような増え続けるコミュニティでほかの人達と知識を共有することもできます。

- **GraphQL Slack**（https://graphql-slack.herokuapp.com/）
- **Apollo Slack**（https://www.apollographql.com/#slack）

GraphQLの探求を続けていれば、コミュニティにコントリビューターとしても関わることもできます。今のところ、重点プロジェクトであるReact Apollo、Prisma、GraphQL自身には、`help wanted`タグの付いたオープンイシューがあります。これらのイシューのいずれかに協力すれば、ほかの多くの人が助かります！ エコシステムの新しいツールに貢献する機会も多くあります。

変化は避けられませんが、GraphQL API開発者の土台は非常に強固です。何が変わったとしてもその中心では常にスキーマを作成し、スキーマのデータ要求を満たすリゾルバを作成しています。どれほどのツールがエコシステムに衝撃を与えたとしても、問い合わせ言語そのものが安定していることは信じていいでしょう。APIの歴史の中ではGraphQLは非常に新しいものですが、機能は非常にはっきりしています。それでは、何か面白いものを作り始めましょう。

付録A Relay各仕様解説

Relay[*1]はFacebookが開発しているReact+GraphQLでフロントエンドの開発を行うためのライブラリですが、そこではRelayを便利に使うためのGraphQLスキーマに対する仕様がいくつか追加されています。GraphQLのエンドポイントを提供している著名なWebサービスにGitHubがありますが、そのGitHubのAPIもRelayの追加仕様を踏襲しています。本付録ではRelayの追加仕様が実世界でどう運用されているかを、GitHubを例に考えていきたいと思います。

Relayが要求するサーバ側（スキーマ）の追加仕様の狙いは次のとおりです。

- オブジェクトの再取得を可能にするため
- Connectionを通じたページングを実装するため
- Mutationの結果を予測可能にするため

この3つに加えてさらに1つ、サーバ側でのデータの変更をクライアント側で捕捉する方法についてこの付録で解説します。

A.1 Global Object Identification

Global Object Identification[*2]は全データを共通のIDで一意に特定可能にし、再取得を容易にするための仕様です。

この仕様に従うのであれば、`interface Node { id: ID! }`という形式のインタフェースを定義し、さらにクエリのルートに`node(id: ID!): Node`というフィールドを追加する必要があります。具体的には**例A-1**のようなスキーマになります。

＊1　https://relay.dev/
＊2　https://relay.dev/graphql/objectidentification.htm

例A-1 Global Object Identification スキーマ例

```
type Query {
  node(id: ID!): Node
}

interface Node {
  id: ID!
}

type User implements Node {
  id: ID!
  name: String
}
```

また、Nodeのidの値だけを使用して任意のデータを見つけてこられるようにIDを設計する必要があります。これを実現するためには、開発初期から腰を据えてやっかいな設計に取り組まなければばいけません。がんばりましょう。

私が開発を担当している技術書典Web*1というサイトで使用した実際の例では、Userのidの値は、たとえば"User:9999999999"といった文字列になっています。これはUserテーブルのIDが9999999999のデータを指しています。もしIDの値を単に"9999999999"にしてしまうと、どのテーブルのデータかを判別できません。

マイクロサービスアーキテクチャを採用していて背後に複数のAPIサーバがある場合、どのサービスのどのテーブルのどのデータかをすべて識別できる要素をIDに含めなければシステム全体で一意にならないため、これはなかなか厄介な問題です。

GitHub v4 API*2ではどうなっているかを見てみましょう。例として、GoogleのorganizationのIDを確認します(**例A-2**、**例A-3**)。すると、"MDEyOk9yZ2FuaXphdGlvbjEzNDIwMDQ="という値になっていることが分かります。いかにもBase64っぽさがあるので、デコードしてみましょう。その結果、012:Organization1342004が得られます。おそらくOrganizationはデータ種別、つまりテーブル名を指しているのでしょう。1342004はdatabaseIdの値と一致しているのでデータのIDと考えられます。先頭の012の部分は不明ですが、おそらくIDの書式バージョンを表しているのではないかと私は考えています。

*1 https://techbookfest.org/
*2 https://developer.github.com/v4/explorer/

例A-2 Google organizationのIDを調べる

```
{
  organization(login: "Google") {
    __typename
    id
    databaseId
    login
  }
}
```

例A-3 レスポンス

```
{
  "data": {
    "organization": {
      "__typename": "Organization",
      "id": "MDEyOk9yZ2FuaXphdGlvbjEzNDIwMDQ=",
      "databaseId": 1342004,
      "login": "google"
    }
  }
}
```

IDを設計するにあたって、将来的な仕様変更にどのように備えるか（過去に生成したIDのハンドリングをどのように維持するか）は頭の痛い問題です。技術書典Webの方式は人間にとって意味がわかりやすく、クライアント側で容易に生成できます。一方、将来的にIDの構造に破壊的変更を加えようとした時、困りそうだということは予想がつくでしょう。GitHubのやり方は人間には若干不親切ですが、将来的な破壊的変更を内部で吸収する余地があります。

グローバルなIDがどうやって成り立っているかは確認できました。次はQueryのnodeフィールドです。説明にはGitHub v4 APIの例を引き続き使用します。nodeの引数として、さきほどのIDを指定すると任意のデータを取得できるよう設計されています（**例A-4**）。

例A-4 nodeを使って同じデータを取得する

```
{
  node(id: "MDEyOk9yZ2FuaXphdGlvbjEzNDIwMDQ=") {
    __typename
```

```
    id
    ... on Organization {
      databaseId
      login
    }
  }
}
```

取得されるデータはNodeインタフェース型なので、インラインフラグメントで実際の型を指定してやる必要があります。これにより先ほどの**例A-3**とまったく同じデータが得られます。

この機能は実際に必要なのか？といわれると私はApolloユーザであることもあり、実用上役に立っている場面を見かけたことはありません。しかしながら、開発時にはこの機能がかなり役に立つ場合があることも事実です。なにかのデータが得られているとして、同じデータを別の形式で取得する必要が生じた場合に、どのフィールドを使えば欲しいものが手に入るかを判断するのは大変です。もしかしたら、その手段がスキーマ上に存在していないことすらありえるでしょう。細かいことを検討したり不便さを受け入れるくらいであれば、ある程度定型的な実装をこなしておくだけで様々な需要を満たしてくれるnodeフィールドは合理性のある選択です。

また、Relayの定める仕様には存在しませんが、`nodes(ids: [ID!]!): [Node]!`というフィールドも合わせて定義しておいてもいいでしょう。これがあれば、`node(id: ID!): Node`も同じ実装を流用して実現できます。

A.2　Cursor Connections

Cursor Connections[*1]はカーソルを使ってリストを順にたどるための仕様、平たくいうとページングのための仕様です。ページングについては様々な実装方法が考えられると思いますが、広く使われている仕様がすでに存在するのであれば、それに合わせてしまったほうが楽でいいでしょう。

この仕様を簡単にまとめると次のとおりです。

1. リストを返したい場所で、直接リストを返す代わりにConnectionサフィックスを持つ型を用意して返す

＊1　https://relay.dev/graphql/connections.htm

2. `first: Int!`と`after: String`を引数に追加する[*1]
3. Connectionはカーソルを管理する`Edge`型のフィールドと、ページング情報を管理する`PageInfo`型のフィールドをもつ

Cursor Connectionsでは、単純にリストをそのまま返すのではなくConnectionサフィックスをもつ型のデータを返します。Relayの仕様ではConnectionは`pageInfo: PageInfo!`フィールドと`edges: [XxxEdge]`フィールドを持たなければいけません。`PageInfo`型はページングに関する情報を持ち、`Edge`型は`cursor: String!`[*2]と`node: Xxx`を持っています。

Connection、Edge、PageInfoには、仕様にないフィールドを自由に追加できます。実際に、GitHub v4 APIではConnectionに総アイテム数を示す`totalCount`フィールドと、カーソルを持たない`nodes`フィールドが追加されています。私も`edges`のカーソルがなくても`pageInfo`の`endCursor`で十分な場合がほとんどなので、そのような場合にはgitHub APIを参考に`nodes`を定義して運用しています。

では、GitHub v4 APIを例に実際のCursor Connectionsを見てみましょう（**例A-5**）。Repositoryのリストが必要であれば、直接`[Repository]`を返す代わりに`RepositoryConnection`を返します。

例A-5 Cursor Connectionsのクエリ例

```
{
  organization(login: "Google") {
    # repositories の型は RepositoryConnection!
    repositories(first: 2, after: "Y3Vyc29yOnYyOpHOAFi-oQ==") {
      # pageInfo は PageInfo!
      pageInfo {
        # ページングの前方向にページがあるか
        hasPreviousPage
        # ページングの前方向へのカーソル
        startCursor
        # ページングの次方向にページがあるか
        hasNextPage
        # ページングの次方向へのカーソル
```

*1 first、afterの組とは逆方向のページングを行うlastとbeforeの仕様もありますがここでは扱いません

*2 仕様の注釈では`String!`型以外でも構わないとされています。私の環境ではDBの仕様上nullを許容できるよう`cursor: String`に変更しています

```
        endCursor
      }
      # edges は [RepositoryEdge]
      edges {
        # このエッジを基点とした時のカーソル
        cursor
        # Repositoryのデータ本体
        node {
          id
          name
        }
      }
    }
  }
}
```

例A-6 クエリ例の実行結果

```
{
  "data": {
    "organization": {
      "repositories": {
        "pageInfo": {
          "hasPreviousPage": true,
          "startCursor": "Y3Vyc29yOnYyOpHOAFktDA==",
          "hasNextPage": true,
          "endCursor": "Y3Vyc29yOnYyOpHOAFz6sA=="
        },
        "edges": [
          {
            "cursor": "Y3Vyc29yOnYyOpHOAFktDA==",
            "node": {
              "id": "MDEwOlJlcG9zaXRvcnk1ODQ0MjM2",
              "name": "embed-dart-vm"
            }
          },
          {
            "cursor": "Y3Vyc29yOnYyOpHOAFz6sA==",
            "node": {
              "id": "MDEwOlJlcG9zaXRvcnk2MDkzNDg4",
              "name": "module-server"
            }
          }
```

```
        ]
      }
    }
  }
}
```

次の2件を取得するには、pageInfoのendCursorかedgeのcursorをafterに指定して再度クエリを実行します。

この部分をスキーマに起こすと**例A-7**のようになります。実際はもう少し複雑ですが、Cursor Connectionsの実装がどのようなものかを示すにはこれで十分でしょう。

例A-7　簡略化したスキーマ

```
type Query {
  repositories(
    # 次方向ページングの時に使う
    first: Int
    after: String

    # 前方向ページングの時に使う
    last: Int
    before: String
  ): RepositoryConnection
}

type RepositoryConnection {
  pageInfo: PageInfo
  edges: [RepositoryEdge]
}

type PageInfo {
  hasPreviousPage: Boolean!
  startCursor: String
  hasNextPage: Boolean!
  endCursor: String
}

type RepositoryEdge {
  cursor: String!
  node: Repository
}
```

```
type Repository {
  id: ID!
  name: String!
}
```

この仕様が優れているのは、どのような方式のDBであっても対応できるところです。NoSQL（KVS）ではもちろん容易に実装できますし、RDBでも多少の工夫は必要だと思いますが実装は可能でしょう。

この仕様には検索に使うパラメータをどのように指定するかは明記されていません。GitHub v4 APIでは、firstやafterと同じ場所、つまりフィールドの引数にprivacyやorderBy、isForkなどのパラメーターが追加されています。技術書典Webでは、Cursor Connections以外のパラメータはinput要素にまとめてしまっています。circlesフィールドの引数にeventID: ID!やeventExhibitCourseID: IDがある場合、それをまとめたCirclesInputを定義します。circles(first: Int, after: String, input: CirclesInput!): CircleExhibitInfoConnection!のようになります。どちらのやり方がいいかは私もまだ結論が出せていません。複雑な管理者用画面などを実装するのであれば、inputにまとめる方式のほうがクエリあたりの引数の数が爆発しない分、有利ではないかと考えているのですが、はてさて？

最後に、Cursor Connectionsの仕様を無視すると発生しうる問題、そして意図的に無視してもいい場合について考えてみましょう。

GraphQLではクライアント側から自由にクエリを投げることができます。つまり、サーバのリソースを食い尽くすようなクエリを投げることも可能です。GraphQLのセキュリティについて話をすると、ほとんどの場合この問題が主題になります。この問題に対応するには、クエリを実際に実行する前に、そのクエリが危険かどうかを判定できなければいけません。

その手段として、クエリの複雑度（complexity）を計算するという方法があります。クエリの負荷の大部分は、DBへの負荷によって決まります。したがって、エンティティをいくつ取得する可能性があるかを見積もることでクエリの負荷を近似できます。

GitHub v4 APIのリソース制限[*1]のひとつ、ノード制限は、まさにその考え方に基づいたものです。例として**例A-8**のようなクエリのコストを計算してみます。

---

*1 https://developer.github.com/v4/guides/resource-limitations/

例A-8 クエリの複雑度

```
# リポジトリを20、その下のIssueを30、つまり 20+20×30 Entity最大で取得する
{
  viewer {
    # first: 20 なので最大20件取得できる
    repositories(first: 20) {
      nodes {
        name
        # first: 30 なので最大30件取得できる
        issues(first: 30) {
          nodes {
            title
            bodyText
          }
        }
      }
    }
  }
}
```

ログインユーザのリポジトリを20件取得し、さらにそれぞれのリポジトリのIssueを30件取得する場合、最大で20件+20×30件の合計620ノードが取得されることを事前に計算できます。一回あたりのクエリで取得されるノード数をいくつまで許容するかを規定するのがGitHubのノード制限です。ここで重要なのは、事前に最大何件のデータが取得されるかが明確でなければいけないということです。Cursor Connectionsの仕様に従っていれば、`first`もしくは`last`を明示的に指定する必要があるため、この条件は自動的に満たされます。

APIを外部に公開する必要があるシステムの場合、これらの制限を導入できるようスキーマを設計しておくに越したことはないでしょう。

もちろん、常にConnectionを定義する必要はありません。厳密なコスト計算が必要になるのは、コストがかかる場合だけです。長さが固定でプログラム中にハードコーディングできるようなクエリのコストは気にしなくていいでしょう。また、データベースのカラムに配列を保存できるような場合も、1行取得すれば必要なデータはオマケでついてきます。この配列の構成要素がGraphQLのスカラ型にあたる場合、コストを気にする必要はないでしょう。

A.3 Input Object Mutations

このセクションではInput Object Mutations[*1]について説明します。Input Object Mutationsは簡単に説明すると、リクエストとレスポンスの紐付けを容易にするために、Mutationの`input`引数に`clientMutationId: String`をもたせ、サーバ側で同値をレスポンスに混ぜて返すという仕様です。

……ですが、最近のJavaScriptにはPromiseなどの非同期操作のためのAPIがあり、そのせいかどうかは不明ですが、この仕様が活用されているところを見たことがありません。実際、Relayでもモダンなバージョンでは不要という話もあります[*2]。

とはいえ、この仕様から得られる示唆もあるので、念の為に仕様を解説しておきましょう。GitHub v4 APIのエンドポイントに、**例A-9**のようなMutationを投げると**例A-10**のような結果が返ってきます。

例A-9　Mutation+clientMutationIdを投げる

```
mutation {
  addReaction(
    input: {
      # 任意の値を渡す UUIDとか
      clientMutationId: "foobarbuzz"
      subjectId: "MDU6SXNzdWU0ODc0OTQzNzk="
      content: LAUGH
    }
  ) {
    # クライアントが渡した値がそのまま返ってくる
    clientMutationId
    reaction {
      id
      content
    }
    subject {
      ... on Issue {
        id
        title
      }
    }
  }
```

*1　https://relay.dev/graphql/mutations.htm
*2　https://github.com/facebook/relay/pull/2349

```
}
```

例A-10 clientMutationIdがそのまま返ってくる

```
{
  "data": {
    "addReaction": {
      "clientMutationId": "foobarbuzz",
      "reaction": {
        "id": "MDg6UmVhY3Rpb2400TkzMDUyMQ==",
        "content": "LAUGH"
      },
      "subject": {
        "id": "MDU6SXNzdWU0ODc0OTQzNzk=",
        "title": "本の実験場"
      }
    }
  }
}
```

このMutationのシグニチャは`addReaction(input: AddReactionInput!): AddReactionPayload`となっています。`AddReactionPayload`には`clientMutationId: String`、`reaction: Reaction`、`subject: Reactable`という3つのフィールドがあります。

ここで注目すべきは、`addReaction`の返り値が`AddReactionPayload`型である点です。`Reaction`型ではないのです。このように操作の結果を表す型を用意することで、返り値の表現に幅を持たせています。それにより、`clientMutationId`や`subject`といった追加の情報を返すことが可能になります。スキーマを設計する際には、一貫性や拡張性を担保するために、"もしclientMutationIdがあったら"どういう型にするべきかを考えておくといいでしょう。

なお、私は念の為に各プロジェクトで`clientMutationId`を実装しています。結局いらない気はしますが……。

A.4 Mutations updater

Mutations updaterについては明確な仕様があるわけではありません。強いていえばhttps://relay.dev/docs/en/mutations#range_addに近い記述があります。要旨を先に述べると効率的な画面の更新のためにサーバ側で行った追加・更新・削除といった操作をクライアント側でも把握できるようにしましょう、という話です。

サーバとのやり取りが繰り返されるとそれにつれてクライアント側のキャッシュが育っていきます。何らかの操作によりキャッシュが更新されると、リアクティブに（ある種自動的に）その内容が画面に反映されます[*1]。このため、Mutationでデータに変更を加えた後、レスポンスを通じてクライアント側でデータがどう変化したのかを把握できるようにスキーマを設計する必要があります。

RelayでUpdaterに指定できる操作の設定はNODE_DELETE、RANGE_ADD、RANGE_DELETEの3種です。それぞれ、データの削除、Connectionへの追加、Connectionからの削除に対応します。

Mutationによるデータの新規作成・更新はそのレスポンスから自動的にキャッシュ（≒画面）に反映できます。一方、先の3種の操作はレスポンスを見ただけではキャッシュの状態を最適な状態に保つことはできません。それぞれ、どう対応するべきかを見てみましょう。

データを削除する場合、一般的な実装では削除したいIDをリクエストに含めるはずです。そのためクライアント側はドメイン知識があれば、処理が成功した時点でどのIDをキャッシュから消せばいいか分かります。しかし、一度のリクエストで複数のデータが削除されたり、削除対象のIDがサーバ側で決定される場合もあるでしょう。そのような場合であっても一貫性のある処理を実現できるように、レスポンスには必ず削除したIDを含めるべきです。

例として技術書典WebのサークルチェックをI解除するremoveCheckedCircleのMutationを取りあげます。サークルチェックはログインユーザと対象サークルで操作できます。そのため、チェックの解除を行ってもデータ本体であるCheckedCircleExhibitのIDをクライアントが知る機会はありません。従ってそのままではクライアント側で削除されたデータのキャッシュを（サーバ側DBと同じ状態にするために）消すことができません。これを解消するため、返り値にremovedCheckedCircleExhibitIDを設けます（**例A-11**）。

例A-11 削除されたIDがわかるMutationの例

```
mutation {
  removeCheckedCircle(input: {
    circleExhibitInfoID: "CircleExhibitInfo:5726401537769472"
```

*1 GraphQLクライアントすべての特徴というわけではありませんが、RelayもApolloもそうだからまぁそうということでいいでしょう

```
  }) {
    removedCheckedCircleExhibitID # 削除されたID
    checkedCircleExhibit {
      id
      circle {
        id
        name
      }
    }
  }
}
```

実行すると**例A-12**のようにMutationが実行された結果、削除されたデータのIDが得られます。これでクライアント側で該当のキャッシュを削除する処理を実装できるようになりました。

例A-12 Mutationの実行結果

```
{
  "data": {
    "removeCheckedCircle": {
      "removedCheckedCircleExhibitID":
        "CheckedCircleExhibit:5629499534213120:5726401537769472",
      "checkedCircleExhibit": {
        "id": "CheckedCircleExhibit:5629499534213120:5726401537769472",
        "circle": {
          "id": "CircleExhibitInfo:5726401537769472",
          "name": "たとえば村"
        }
      }
    }
  }
}
```

残念ながら、削除したIDであることを示すコンセンサスの取れたフィールド名はありません。レスポンスに削除したIDを含むデータ全体を返してもいいですし、削除したIDをもつフィールドをPayloadに明示的に含めてもいいでしょう。GitHub v4 APIは主に前者の方式を採用しています。

Connectionへの追加、削除についてはドメイン知識が必要になるため、ライブラリにすべての処理を任せてしまうことは難しいでしょう。しかし、今行ったMutationがどういう処理で、どのような結果が返ってきて、どうやったら既存のConnectionに追加、削除できるかを開発者は把握しているはずです。開発者が頑張りましょう。そのためには、Connectionを取得する時に利用したFragmentをレスポンスに対して再利用できるような構造でなくてはいけません。REST APIだとつい空のJSONを返してしまう場合もありますが、GraphQLでは手を抜かずに操作対象のデータを返しましょう。

最後に、もしかするとこの付録の内容について「私はApolloを使うから関係ないね！」などと考えている人もいるかも知れません。しかしRelayを使わないとしてもその設計上の判断や拡張方法には見習うべき点が多々あります。ここで説明したことを、ぜひスキーマ設計の参考にしてください。

索引

G

H

I

J

L

M

N

P

Q

R

S

T

U

V

W

Y

あ行

か行

さ行

た行

な行

は行

ま行

や行

ら行

カバー説明

本書の表紙に描かれている動物はボネリークマタカ（Aquila fasciata）です。この大きな猛禽類は東南アジア、中東、地中海で見ることができ、乾燥した気候と険しい岩山や背の高い木に巣を作ることができる場所を好みます。標準的な翼長は150cmほどで、暗褐色の頭部と翼、黒っぽい縞模様や斑点のある白い下腹部が特徴です。

通常、巣の外では音を立てません。この静かなハンターは主に他の猛禽類を含む鳥類を捕食しますが、小さな哺乳類や爬虫類も対象となります。他の鳥類を捕食する傾向があるにも関わらず、成鳥のつがいは種類を問わずひな鳥に愛情を示すことが知られており、ボネリークマタカ（Aquila fasciata）や種間で殺し合うことのないそれ以外の猛禽類の放棄された巣の卵と幼鳥の世話をする姿が観察されたこともあります。

●著者紹介

Alex BanksとEve Porcelloはカリフォルニアのタホシティを拠点に活動しているソフトウェアエンジニア、インストラクター。Moon Highway社でカスタムトレーニングカリキュラムを開発し、法人顧客へ向けた講習や、LinkedInラーニングでのオンライン配信を実施している。『Lerning React』(O'Reilly Media)の著者でもある。

Eve Porcello(エバ・ポーセロ)

ソフトウェアアーキテクト兼トレーナー。カルフォルニア北部でカリキュラム開発を行っているMoon Highway社の共同創立者。Moon Highway創立前には1-800-Dentist、マイクロソフトに所属。また、リンダドットコムで企業トレーナー、スピーカー、講習プログラムの作成を担当。

Alex Banks(アレックス・バンクス)

ソフトウェアアーキテクト兼トレーナー。カルフォルニア北部でカリキュラム開発を行っているMoon Highway社の共同創立者。シカゴマラソン、MSN、アメリカ合衆国エネルギー省でアプリケーションの開発に参画した経歴を持つ。現在はYahoo!にてNode.jsのトレーニングプログラムの設計・開発に従事。また、Yahoo!の新規雇用者に向けた継続的デリバリのカリキュラムの開発も補助していた。リンダドットコムにて多数のコース作成を担当。

●訳者紹介

尾崎 沙耶（おざき さや）

株式会社カブクで新規事業の開発からソフトウェアの開発までを担当。大学在学中にコンピュータサイエンスの分野に興味を持ち、同時期にソフトウェアエンジニアのアルバイトを始める。東京工業大学生命理工学部卒業ののちソフトウェアエンジニアとして働き始め現在に至る。ソフトウェアの開発ではAPI設計やアーキテクチャに関心が強い。

あんどうやすし

「先生、あと（API呼び出し）1本ですね」
……
「どうしたんですか、先生？」
……………
「さあ！気合い入れてやりましょう」
「あと（API呼び出し）1本ですよ！がんばりましょう」
……お前ら……そんなにRESTful APIを呼びたいか……？
「！？！？」
呼びたくないときに呼んでも、しょうがあるまい！
あえて……GraphQLるっ！！

初めてのGraphQL

―Webサービスを作って学ぶ新世代API

2019年11月11日　　初版第1刷発行

著　者	Eve Porcello（エバ・ポーセロ）、Alex Banks（アレックス・バンクス）
訳　者	尾崎 沙耶（おざき さや）、あんどうやすし
発行人	ティム・オライリー
制　作	ビーンズ・ネットワークス
印刷・製本	日経印刷株式会社
発行所	株式会社オライリー・ジャパン 〒160-0002　東京都新宿区四谷坂町12番22号 Tel　(03)3356-5227 Fax　(03)3356-5263 電子メール　japan@oreilly.co.jp
発売元	株式会社オーム社 〒101-8460　東京都千代田区神田錦町3-1 Tel　(03)3233-0641（代表） Fax　(03)3233-3440

Printed in Japan（ISBN978-4-87311-893-2）
乱丁本、落丁本はお取り替え致します。